Ragnhild Struss

Wie Sie mit Job Crafting Ihre Arbeit wieder lieben lernen

Ragnhild Struss

Wie Sie mit JOB CRAFTING Ihre Arbeit wieder lieben lernen

GABAL

Externe Links wurden bis zum Zeitpunkt der Drucklegung des Buches geprüft.
Auf etwaige Änderungen zu einem späteren Zeitpunkt hat der Verlag keinen Einfluss.
Eine Haftung des Verlags ist daher ausgeschlossen.

Ein Hinweis zu gendergerechter Sprache: Die Entscheidung, in welcher Form alle Geschlechter angesprochen werden, obliegt den jeweiligen Verfassenden.

Bibliografische Information der Deutschen Nationalbibliothek

Die Deutsche Nationalbibliothek verzeichnet diese Publikation in der Deutschen Nationalbibliografie; detaillierte bibliografische Daten sind im Internet über http://dnb.d-nb.de abrufbar.

ISBN 978-3-96739-161-9

Lektorat: Sabine Rock, Frankfurt am Main
Umschlaggestaltung: Martin Zech Design, Bremen | www.martinzech.de
Foto der Autorin: © Florian Janssen
Satz und Layout: Das Herstellungsbüro, Hamburg | www.buch-herstellungsbuero.de
Druck und Bindung: Salzland Druck GmbH & Co. KG, Löbnitzer Weg 10, D-39418 Staßfurt, vertrieb@salzland-druck.de

3. Auflage 2025

Wir drucken in Deutschland.

www.gabal-verlag.de
www.gabal-magazin.de
www.facebook.com/gabalbuecher
www.x.com/gabalbuecher
www.instagram.com/gabalbuecher

PEFC
PEFC/04-31-2251

PEFC-zertifiziert
Dieses Produkt stammt aus nachhaltig bewirtschafteten Wäldern und kontrollierten Quellen
www.pefc.de

Inhalt

Einleitung

Jeder Mensch hat das Recht auf ein erfülltes Leben – und dazu gehört auch die berufliche Zufriedenheit. Der Job sollte zur Persönlichkeit passen, im besten Fall perfekt. Wie dieses Ideal auch aus einer ungünstigen Situation heraus gelingen kann, erfahren Sie in diesem Buch.

Es ist meine Leidenschaft, Menschen darin zu bestärken, ein authentisches Leben zu führen, sich selbst zu verwirklichen und sich privat und beruflich Ausdruck zu verleihen. Aus dieser Leidenschaft habe ich meinen Beruf gemacht: Als Karriereberaterin verhelfe ich Einzelpersonen, Führungskräften, Unternehmerfamilien und Organisationen dazu, ihrer inneren Stimme zu folgen, Potenziale zu erkennen und wertzuschätzen, um sie im Leistungskontext strategisch klug einzusetzen. Mein Ziel: dass meine Klient*innen[1] im Job ganz sie selbst sein können, sich persönlich und professionell weiterentwickeln, neuen Herausforderungen mutig begegnen und mit Freude daran wachsen.

Als Unternehmerin bin ich seit meiner Unternehmensgründung vor mittlerweile 20 Jahren selbst Job Crafter – ich gestalte und optimiere meinen Job in Übereinstimmung mit meiner individuellen Entwicklung. Zu Anfang habe ich meinen Beruf genau auf meine Persönlichkeit zugeschnitten und seither entwickeln mein Geschäftspartner und ich gemeinsam mit unserem Team das Geschäftsmodell so weiter, dass es nachhaltig zu uns passt. Auch bei der Potenzialentfaltung unserer Mitarbeitenden lautet unsere Leitlinie: Erst der Mensch, dann die Stelle.

---

1 Im Folgenden werden alle Geschlechter gleichermaßen angesprochen. Zur besseren Lesbarkeit wird zwischen Gendersternchen und anderen Formulierungen variiert. Jede*r darf sich eingeladen fühlen, Job Crafting anzuwenden und von diesem Buch zu profitieren.

Doch was ist, wenn man sich beruflich nicht wohlfühlt? Wenn der Job nicht (mehr) zur Persönlichkeit oder dem aktuellen Lebensentwurf passt? Unzufriedenheit im Job ist ein Massenphänomen, sie tritt selbst dann auf, wenn Menschen sich ihre Stelle selbst ausgesucht haben.

Zahlreiche Studien belegen, dass nicht einmal die Hälfte aller Arbeitnehmenden glücklich mit ihrer beruflichen Situation ist. Fast zwei Drittel langweilen sich sogar bei der Arbeit.

Die Konsequenzen dieser Unzufriedenheit sind verheerend. »Quiet Quitting« – das Phänomen der inneren Kündigung – kostete die Wirtschaft nach Angaben des Gallup Engagement Index Deutschland im Jahr 2022 zwischen 118,1 und 151,1 Milliarden Euro. Ganz zu schweigen von problematischen Arbeitsbeziehungen und individuellen psychischen und physischen Kosten. Viele sind aufgrund der eigenen Frustration sogar dazu bereit, Projekte oder die Arbeit von Kolleg*innen zu sabotieren, oder sie leiden unter Burn-out. 2022 gaben 35 Prozent der Befragten an, sie hätten aufgrund von Arbeitsstress das Gefühl, innerlich ausgebrannt zu sein.

Laut Gallup erleben nur noch 13 Prozent der Arbeitnehmenden in ihrer aktuellen Beschäftigung ein Arbeitsumfeld, in dem sie sich emotional an das Unternehmen gebunden fühlen. So wundert es nicht, dass die kurzfristige Wechselbereitschaft der Arbeitnehmenden zunimmt. Nur 39 Prozent der Befragten stimmten der Aussage voll zu, in drei Jahren noch im bestehenden Unternehmen beschäftigt sein zu wollen. Ein Blick auf die Entwicklung der vergangenen Jahre zeigt: Die Wechselbereitschaft von Angestellten steigt zunehmend und befindet sich derzeit auf Rekordniveau.

Aber was bedeutet das? Welche Erwartungen können wir überhaupt an unseren Job haben und welche nicht? Ist der Wunsch, die Arbeit nicht als Last zu empfinden, schon zu viel verlangt? Woher weiß jede*r Einzelne, was sie oder er kann und will und welcher Job wirklich passt? Sollten wir die Umstände womöglich hinnehmen und Dienst nach Vorschrift machen? Oder einfach kündigen? Diesen und vielen weiteren Fragen rund um das Thema Job-Person-Passung gehe ich in diesem Buch auf den Grund. Doch eine Erkenntnis aus meiner langjährigen Tätigkeit als Karriereberaterin und Coach möchte ich vorab mit Ihnen teilen: Die Lösung des Problems ist weder Resignation noch ein unreflektierter Jobwechsel. Sie liegt an anderer Stelle, und zwar in unserem Inneren: im Glauben daran, Einfluss auf unsere Lebensumstände nehmen zu können, in der Selbsterkenntnis, unserer Einstellung und dem eigenverantwortlichen Einwirken auf die Arbeit.

Ihr Job darf und sollte Ihnen Freude bereiten. Das ist nicht zu viel verlangt, sondern Ihr gutes Recht.

In meiner beruflichen Rolle setze ich mich dafür ein, dass Menschen persönlichkeits- und potenzialkongruent arbeiten, sprich, dass sie das tun, was am besten zu ihnen passt und was sie besonders gut können. Und zwar auf eine Art und Weise, die ihnen entspricht. Die Vorteile beruflicher Authentizität liegen nicht nur für das Individuum, sondern auch für die Organisation und unsere Gesellschaft auf der Hand. Für die einzelne Person steigt das persönliche Wohlbefinden und damit verbessert sich auch ihre psychische und physische Gesundheit. Zufriedene, ja glückliche Arbeitnehmende fühlen sich in ihrer Kraft, sie sind motivierter und leistungsfähiger. Wenn Organisationen bei der Verteilung ihrer Ressourcen auf Potenziale ihrer Mitarbeitenden achten, erhöht das die wirtschaftliche Produktivität, senkt die Kosten, begünstigt eine schöpferische Unternehmenskultur und stärkt die Innovationskraft.

Außerdem profitiert unsere Gesellschaft, wenn die überwiegende Zahl der Menschen in ihrem Job zufrieden und motiviert ist. Erfüllte Berufstätige engagieren sich aktiver in der Gesellschaft, übernehmen mehr soziale Verantwortung und sind eher geneigt, ihre Fähigkeiten und Ressourcen zu teilen und ihren Mitmenschen zu helfen. Von einer guten Work-Life-Balance profitieren auch ihre privaten Beziehungen, sie kümmern sich besser um ihre Familien und Freunde. Weniger krankheitsbedingte Fehltage entlasten Unternehmen und das Gesundheitssystem. Ein Unternehmen mit zufriedenen Mitarbeitenden kann sich einen Ruf als guter Arbeitgebender erwerben – und je mehr es davon gibt, desto attraktiver wird der Wirtschaftsstandort Deutschland. Florierende Unternehmen übernehmen mehr Verantwortung in der Gesellschaft, indem sie soziale und gemeinnützige Projekte unterstützen. Diese vielfältige Wechselwirkung zeigt:

Es würde die Welt ein bisschen besser machen, wenn alle beruflich am richtigen Platz wären.

Einer der Hauptgründe für die große Unzufriedenheit unter Arbeitnehmenden ist die mangelnde Job-Person-Passung, sprich: Der Job passt nicht zur Persönlichkeit. Worin äußert sich das? Nun, die Arbeit bietet keine Gelegenheit, das zu tun, was man am besten kann, sie hemmt den Ausdruck der Persönlichkeit, widerspricht eigenen Werten, ignoriert individuelle Arbeitsbedürfnisse oder blockiert das persönliche und professionelle Wachstum. Wer beruflich am falschen Platz ist, verschwendet wertvolles Potenzial und leidet häufig unter psychischen und physischen Beschwerden, die nicht selten in eine Abwärtsspirale des eigenen Selbstwertgefühls führen.

In unseren Beratungen und Workshops erlebe ich immer wieder Menschen, die in Bezug auf ihre berufliche Entwicklung zwar viel Frustration spüren, aber zu wenig Vertrauen in ihre Selbstwirksamkeit erleben. Sie bleiben im »Ja, aber …«-Modus der Unzufriedenheit stecken, geben die Verantwortung für ihre berufliche Erfüllung ab und hoffen auf die perfekte Jobmöglichkeit, die von außen an sie herangetragen wird. Da dieser glückliche Umstand eher die Ausnahme als die Regel ist, möchte ich Sie, liebe Leserinnen und Leser, ermutigen, Ihre Arbeit als etwas zu betrachten, das Sie selbst verändern können, anstatt auf den Zufall zu hoffen. Ich möchte Sie darin bestärken, selbst zum Job Crafter zu werden. Diese Gestaltung beginnt im Inneren und wirkt nach außen.

Dieses Buch richtet sich an alle – egal ob angestellt oder selbstständig –, die in ihrem jetzigen Job frustriert sind und das Gefühl haben, irgendwie festzustecken, ohne so richtig zu wissen, wie sie ihre Unzufriedenheit loswerden können. Es gibt Ihnen die Gelegenheit, Ihre Jobsituation strukturiert zu reflektieren. Sie analysieren Ihr Problem, um herauszufinden, wo genau Ihre Gestaltungsspielräume liegen. Sie setzen sich mit Ihrer inneren Einstellung zum Beruf auseinander, gehen Ihrer Persönlichkeit auf den Grund und werden Schritt für Schritt angeleitet, Ihren Traumjob zu definieren.

Diese Erkenntnisse helfen Ihnen, Ihren derzeitigen Job zu bewerten und wichtige Stellschrauben für Ihr individuelles Job Crafting zu identifizieren. Sie leiten passende Maßnahmen ab, um wieder in Ihre Kraft zu kommen, Ihr Potenzial abzurufen und persönlich zu wachsen. Neben theoretischen Erläuterungen und Fallbeispielen aus Beratung und Workshops bietet das Buch eine praktische Anleitung, wie Sie diese Schritte für sich selbst umsetzen können. Es gibt Ihnen einen Leitfaden an die Hand, den bestehenden Job auf Basis Ihrer Persönlichkeit so zu gestalten, dass er persönlich, inhaltlich und strukturell (wieder) zu Ihnen passt.

Im Idealfall werden Sie nach dem Prozess des Job Crafting in Ihrem bestehenden Arbeitsverhältnis eine hohe Zufriedenheit spüren oder – wenn das nicht möglich ist – eine andere Stelle, Position oder vielleicht sogar einen neuen Beruf finden. Meine Empfehlung: Lesen Sie das Buch nicht einfach in einem Rutsch durch, sondern nehmen Sie sich Zeit für die Anleitung zum Job Crafting. Führen Sie die Übungen in Ruhe durch und halten Sie Ihre Gedanken schriftlich fest. Das Schreiben zwingt Ihr Gehirn, sich intensiv mit Ihrem Veränderungsprozess auseinanderzusetzen, und schafft Klarheit. So können Sie die gewonnenen Informationen über sich und Ihre berufliche Situation besser strukturieren, was Ihnen helfen wird, sie in der Bewertung Ihres derzeitigen Jobs zu rekapitulieren. Schriftliche Notizen dienen in der Umsetzungsphase des Job Crafting nicht nur als Gedächtnisstütze, sondern auch als Leitfaden und motivationaler Rückenwind.

Erstmals erwähnt und maßgeblich geprägt wurde der Begriff »Job Crafting« 2001 von Amy Wrzesniewski und Jane E. Dutton in ihrem Artikel »Crafting a Job: Revisioning Employees as Active Crafters of Their Work«. Seitdem wurde die Idee der individuellen Einflussnahme auf den eigenen Job und dessen aktiver Gestaltung in vielen Büchern und Artikeln unterschiedlicher Autor*innen aus den verschiedensten Fachrichtungen weiterentwickelt. In diesem Buch beschreibe ich den Job-Crafting-Prozess, der sich aus jahrelanger Coachingerfahrung entwickelt und in der Begleitung meiner Klient*innen als erfolgreich erwiesen hat. Man könnte diesen Prozess als das »Struss & Claussen-Job-Crafting-Konzept« bezeichnen. Es unterscheidet sich an vielen Stellen von der Job-Crafting-Methode, die in der wissenschaftlichen Literatur beschrieben wird. Ich möchte Sie herzlich einladen, es mit eigenen Gedanken und Ideen zu ergänzen.

Die beruflichen Entscheidungen, die meine Klient*innen im Anschluss an ihre Beratung bei uns treffen, begeistern mich immer wieder aufs Neue. Indem ich hier ihre Geschichten erzähle, möchte ich zeigen, dass Jobzufriedenheit nicht für die Happy Few reserviert ist, sondern dass wir alle Einfluss auf unsere berufliche Erfüllung nehmen können.

Job Crafting ist kein Privileg weniger, sondern kann von allen angewandt werden. Sie haben es in der Hand!

Dazu möchte ich Sie ermutigen und motivieren. Mit diesem Buch teile ich meine Erfahrung aus vielen Jahren Karriereberatung. Ich vermittele Ihnen die methodische Kompetenz, mit der auch Sie Ihre Job-Person-Passung optimieren können, um Ihre Arbeit (wieder) lieben zu lernen.

TEIL I

Job Crafting: Vom Job, den Sie haben, zum Job, den Sie wollen

Es gibt für jede*n den richtigen Platz

In der Frage nach einem erfüllten Leben spielt die Arbeit eine entscheidende Rolle. Wenn ich meine Klient*innen am Anfang der Beratung frage: »Wie zufrieden sind Sie mit Ihrem Job?«, antworten viele mit einem diffusen »Joa, geht so«. Die Jobzufriedenheit setzt sich aus vielen Einzelfaktoren zusammen, und sich diese spezifisch zu vergegenwärtigen, ist kein einfacher Prozess. Außerdem ist die eigenständige und detaillierte Auseinandersetzung mit der eigenen Job-Person-Passung kein erlerntes Konzept – uns hat nie jemand beigebracht, wie das geht: herauszufinden, wer ich bin, was ich kann und was deshalb beruflich zu mir passt. Unsicherheit nehme ich auch dann wahr, wenn meine Kund*innen im Großen und Ganzen recht zufrieden sind, es aber viele kleine Dinge gibt, die sie gerne verändern würden. Aus Angst, das Verhältnis zu Vorgesetzten zu beeinträchtigen oder ihren Job aufs Spiel zu setzen, ersticken sie jedweden Veränderungsgedanken bereits im Keim und finden sich mit der Situation so ab, wie sie eben ist.

Niemand muss in seinem Job unglücklich sein. Niemand sollte sich mit einer suboptimalen Jobsituation zufriedengeben, denn es lässt sich immer etwas verändern und es gibt für jede*n den richtigen Platz – also den, an dem die Job-Person-Passung hoch ist. Natürlich gibt es auch etwas dazwischen, doch Menschen sollten sich mit ihrem Beitrag als Erwerbstätige zur Gemeinschaft zumindest insofern identifizieren können, als er ihren Werten entspricht und sie während der Arbeit »sie selbst« sein können. Das bedeutet für Sie nicht unbedingt, dass Sie Ihren Traumjob ausüben müssen. Aber es erfordert, dass der Job die Erwartung erfüllt, die Sie an ihn stellen – und dass Sie mit ihm zufrieden sind.

Was ist Job Crafting?

Der Begriff »Job Crafting« beschreibt ein Konzept aus der Wirtschafts- und Arbeitspsychologie, genauer der positiven Organisationspsychologie. Sein Ansatz ist, die eigene Arbeit so zu gestalten oder zu verändern, dass sie besonders gut zur Person und zur aktuellen Lebenssituation passt.

Mit Job Crafting machen Sie den Job, den Sie haben, zu dem Job, den Sie wollen.

Die Kernidee dabei ist, dass jede*r Einzelne kleine Anpassungen am eigenen Job vornehmen kann, um die Arbeit optimal auf die eigene Persönlichkeit abzustimmen. Neben seinen Stärken, Fähigkeiten und Interessen hat jeder Mensch in Bezug auf seine Arbeit bestimmte Bedürfnisse, Präferenzen und Wünsche. Diese langfristig zu erfüllen, ist das Ziel des Job Crafting, indem es eine größere Passung zwischen dem Individuum, seiner Arbeit und der Organisation herstellt.

Ob angestellt oder selbstständig, wir haben alle schon einmal Job Crafting betrieben, ohne es zu merken. Keine Stelle ist auf Anhieb perfekt, ganz egal, was in der Anzeige steht. Wir beginnen in dem Moment, in dem wir den Job antreten, automatisch damit, ihn zu gestalten und an uns anzupassen. Keine Stelle wird von zwei verschiedenen Menschen exakt gleich ausgeführt. So legt die eine Projektmanagerin beispielsweise Wert auf einen direkten Kommunikationsstil, beschränkt den Informationsaustausch auf die Sachebene und fällt Entscheidungen eher datengetrieben, während ihr Kollege in der gleichen Position eine empathische Kommunikation bevorzugt, einen kooperativen Führungsstil pflegt und in die Entscheidungsfindung nicht nur seine, sondern auch die Intuition seiner Mitarbeitenden einbezieht. Dementsprechend unterschiedlich arbeiten und führen beide in der gleichen Position. Auch die Pandemie hat uns gezeigt, dass Zeiten, Strukturen und Vorgehensweisen des Arbeitens flexibler sind als zuvor angenommen. Die Not hat uns in Bezug auf die Gestaltung unserer Jobs erfinderisch gemacht.

Im Ergebnis führt Job Crafting dazu, dass Sie die äußeren Bedingungen Ihres Jobs verändern, indem Sie beispielsweise Ihre Aufgaben, Arbeitsprozesse oder -methoden gezielt und individuell umgestalten. Zudem schafft es verbesserte Arbeitsbeziehungen sowie ein effizienteres persönliches Energiemanagement und lässt Sie eine förderliche innere Einstellung zu Ihrem Job entwickeln.

Stellschrauben des Job Crafting

Job Crafting ist als Allererstes eine Erinnerung daran, selbst die Verantwortung für das eigene Wohlbefinden bei der Arbeit zu übernehmen. Eine der Stellschrauben, an der Sie in Ihrem Job-Crafting-Prozess drehen können, ist das »Was« Ihres Jobs. Dafür passen Sie Ihre Aufgaben, Ziele und Verantwortlichkeiten so an, dass sie mehr Ihrer Veranlagung entsprechen. Sie können favorisierte Aufgaben ausweiten, neue hinzunehmen oder unliebsame delegieren, reduzieren oder vereinfachen. Sie entscheiden, welchen Projekten Sie sich in welchem Umfang und in welcher Reihenfolge widmen möchten. So könnte zum Beispiel ein Mensch mit Stärken im kreativen Bereich eine Datenpflege-Aufgabe an einen Kollegen übergeben, dem Details und Struktur mehr liegen.

Auch das »Wie« Ihrer Arbeit können Sie verändern; es bezieht sich auf Ihre Arbeitsabläufe. Sie legen für sich fest, auf welche Art und Weise Sie am besten arbeiten können, welches Pensum Sie bis zu welcher Deadline schaffen und wie Sie dabei am effizientesten vorgehen. Gegen Ihren Energiefresser »Multitasking« wirken Sie beispielsweise durch klarere Priorisierung, besseres Zeitmanagement und effiziente To-do-Listen an und können so die Arbeitslast bewältigen, ohne übermäßig gestresst zu werden.

Eine weitere Stellschraube sind Ihre Arbeitsbeziehungen, das »Wie mit wem«. In der Wahl der Interaktionspartner*innen und der Gestaltung des sozialen Miteinanders steckt riesiges Potenzial. Sie entscheiden sich für die Beziehungsgestaltung, die Ihnen am meisten liegt. Ein Beispiel: Während der eine Kollege beim Arbeiten vor allem Ruhe und Konzentration braucht, ist seine Kollegin eher durch Austausch motiviert– und »stört« ihn deshalb ohne böse Absicht immer wieder.

Ein offenes Gespräch verhindert Missverständnisse zwischen den beiden; zudem kann sich die kontaktfreudige Kollegin Gleichgesinnte für Teamwork suchen und vorrangig Aufgaben wie Brainstorming in der Gruppe übernehmen.

Auch unsere Haltung ist nicht statisch, wir können sie gestalten und beeinflussen. Darin liegt unsere Kraft. Wenn sich unser Blick auf die Dinge ändert, ändern sich die Dinge. Die innere Einstellung ist eine maßgebliche Stellschraube Ihres Job Crafting.

Es hängt auch von unserer Haltung ab, ob wir aus unserem Job Sinn und Freude ziehen oder vieles negativ bewerten und uns unzufrieden fühlen.

Werden wir von einschränkenden Glaubenssätzen und einem Fokus auf den Mangel geleitet, neigen wir dazu, vor allem die Nachteile zu sehen und uns zu beschweren. Mit dieser Haltung wird es uns schwerfallen, überhaupt mit irgendeiner Arbeit zufrieden zu sein. Und auch das Gegenteil gilt: Mit positiven inneren Überzeugungen wie »Arbeit kann Spaß machen«, »Ich leiste einen wichtigen Beitrag mit meinem Tun« oder »Es gibt keine Misserfolge, nur Lernchancen« lenken wir unsere Aufmerksamkeit auf Dinge, die uns mit Energie versorgen, und können so eine Menge rausholen. So kann sich beispielsweise die Mitarbeiterin im Lager eines Supermarktes bewusst machen, dass sie zur anhaltenden Grundversorgung vieler Menschen beiträgt; eine Reinigungskraft im Krankenhaus kann die Relevanz ihrer Arbeit darin finden, zur Gesundheit und Genesung von Menschen beizutragen. Beide Jobs sind, was uns spätestens seit der Coronapandemie deutlich wurde, systemrelevant, und das Wissen um diese Bedeutung erhöht wiederum Sinnerleben und Motivation bei der Arbeit.

Niemand ist den ganzen Tag über gleichermaßen kraftvoll oder konzentriert und die Menschen haben jeweils unterschiedliche Energiequellen und Wohlfühlbedingungen. Das persönliche Energiemanagement als Stellschraube des Job Crafting zielt darauf ab, den Verlauf der eigenen Leistungskurve und die individuellen Energiespender und -fresser zu kennen und den Arbeitsalltag dementsprechend zu gestalten. Wer seine Energie gut einteilen und die Tanks wieder auffüllen kann, verhindert Erschöpfungszustände. Dabei spielen viele Details eine Rolle: Wählen Sie zum Beispiel Ihre Kleidung nach Bequemlichkeitsaspekten aus; bringen Sie Ihr eigenes (gesundes und wohlschmeckendes) Mittagessen mit, statt in der Kantine zu essen; lassen Sie sich nicht unter Druck setzen, ausgerechnet im Mittagstief kreative Ideen zu entwickeln oder strategische Lösungen zu erarbeiten, wenn Ihnen das am Morgen viel besser gelingen würde. Und so weiter!

Job Crafting hebt ungenutztes Potenzial

Egal ob angestellt oder selbstständig: Wer seine berufliche Beschäftigung in Bezug auf die individuellen Stärken, Bedürfnisse und Werte mit-, um- oder neu gestaltet, zahlt in jedem Fall auf den authentischen Selbstausdruck ein. Und das stärkt ungemein. Wir sind dann am glücklichsten, wenn wir a) das Gefühl haben, voll und ganz wir selbst sein zu können, wenn wir b) darin von außen bestätigt werden, c) persönlich wachsen können und d) gemäß unseren Zielen erfolgreich sind. Wir erleben unsere Arbeit dann als sinnvoller und erfüllender. Das lässt sich unter anderem mit den erstrebenswerten Effekten von Autonomie und Verantwortungsübernahme erklären:

> **Beim Job Crafting nehmen wir unser Schicksal aktiv in die Hand. Wir kommen unserem Wesenskern wieder näher und heben ungenutzte Potenziale.**

Stärken, die wir vorher nicht einbringen konnten, werden nun angewendet; wir können Aufgaben und Beziehungen besser gestalten als zuvor oder verlieren beim Arbeiten weniger Energie.

Sobald wir merken, dass wir selbst Dinge bewegen und zum Positiven verändern können, wächst unsere sogenannte Selbstwirksamkeitsüberzeugung. Wir glauben mehr und mehr an unsere Fähigkeiten und die Möglichkeit, unsere Umwelt aktiv zu beeinflussen. Das gibt uns das Gefühl, dass es sich lohnt, sich zu engagieren. Daraus entsteht ein gewinnbringender Kreislauf: Ein inneres »Ja!« lässt uns motiviert und eigeninitiativ agieren, dadurch verbuchen wir mehr Erfolge und trauen uns wiederum mehr zu, was zu noch mehr Eigenständigkeit führt. Durch den besseren Einsatz unserer Stärken und die Berücksichtigung unserer Interessen übernehmen wir vor allem Aufgaben, die wir besonders gut können und die uns gleichzeitig Freude bereiten. In unserer gesteigerten Authentizität potenziert sich die Kraft unserer Ausstrahlung. Der Fokus auf die Beziehungsgestaltung erhöht die Qualität zwischenmenschlicher Interaktion und erfüllt unser Bedürfnis nach sozialer Beteiligung. Wir genießen den Kontakt und die Kommunikation mit Kolleg*innen, Vorgesetzten und Kund*innen, was zu mehr Wissensaustausch und neuen Ideen führt.

Wir identifizieren uns mehr mit dem Job, sind motivierter, leistungsfähiger und übernehmen mehr Verantwortung, während wir gleichzeitig ein größeres Gefühl persönlicher Freiheit spüren. Das steigert nicht nur unsere Kreativität und Innovationskraft sowie unser individuelles Wohlbefinden und die berufliche Zufriedenheit, sondern verbessert auch die Arbeitsleistung, erhöht die Produktivität und stärkt zudem unsere Loyalität und die Bindung an das Unternehmen.

Chancen und Vorteile: Wieso alle davon profitieren

Das Thema Jobzufriedenheit ist für Mitarbeitende und Unternehmen gleichermaßen wichtig. Arbeitnehmende wollen in ihrem Job glücklich sein, sich in der Unternehmenskultur wohlfühlen, ihre Stärken und Fähigkeiten einbringen, sich weiterentwickeln und eine langfristige Perspektive haben. Organisationen möchten einen Ruf als Arbeitgebende etablieren, die Talente anziehen, und eine Arbeitsatmosphäre schaffen, die diese Arbeitskräfte langfristig halten kann.

Auf individueller Ebene von Mitarbeitenden und Selbstständigen hat gelungenes Job Crafting viele positive Effekte: Die Menschen sind zufriedener mit ihren Jobs, sie entwickeln eine positivere Einstellung, sind motivierter und zeigen mehr Ehrgeiz und Engagement. Nicht zu vernachlässigen sind auch die Streueffekte des Job Crafting auf andere Lebensbereiche. Wer beruflich authentisch agiert, fühlt sich wohl in seiner Haut, erfährt eine Selbstwertstärkung und vertraut seinen Fähigkeiten. Diese Person hat nicht nur mehr Energie für die Gestaltung ihres Privatlebens, sondern ist insgesamt weniger gestresst und optimistischer, wodurch vor allem die Qualität ihrer privaten Beziehungen steigt. Wenn Sie noch mehr Gründe suchen, warum Sie sich Ihre Jobsituation genauer ansehen sollten:

Beruflich zufriedene Menschen schlafen besser, leben gesünder, können die Aktivitäten in anderen Lebensbereichen mehr genießen und sind insgesamt glücklicher.

Job Crafting lehrt die Mitarbeitenden, neue Ziele für sich zu definieren, denen sie Bedeutung beimessen und mit denen sie sich identifizieren können. Wer langfristige Ziele für wichtig und sinnvoll erachtet, ist eher bereit, kurzfristig Unlust zu ertragen oder eine Belohnung aufzuschieben. Wer weiß, dass es sich lohnt, kann länger durchhalten. Ein weiterer Effekt, von dem auch das Unternehmen profitiert, ist der bestmögliche Einsatz der Fähigkeiten und der Energie der Mitarbeitenden. Durch die stärkenorientierte Verteilung von Aufgaben können sich Mitarbeitende genau dem widmen, was ihnen am meisten liegt. Das Potenzial der Arbeitnehmenden wird maximal genutzt und die Unternehmen gestalten die Prozesse höchst effizient, sodass optimal in das Personal investiert wird.

Haben Mitarbeitende das Gefühl, dass Vorgesetzte den Schwerpunkt der Führung auf ihre positiven Eigenschaften und Stärken legen, werden sie weit weniger Stress bei der Arbeit empfinden als andere, die sich nicht in ihren Stärken gesehen fühlen. Je höher die Bindung der Mitarbeitenden an das Unternehmen ist, desto wahrscheinlicher empfehlen sie nicht nur seine Produkte und Dienstleistungen an Freund*innen und Bekannte weiter, sondern sprechen auch eine Empfehlung für das Unternehmen als Arbeitgebenden aus. Job Crafting kann also positiv auf das Employer Branding einwirken, sodass die besten Talente angezogen werden.

Wird der Job an die Persönlichkeit der Mitarbeitenden angepasst, können Aufgaben auf unterschiedliche Weise erledigt werden. Zudem wird die Arbeitsorganisation flexibler gestaltet und an die Anforderungen des Unternehmens angepasst, wodurch dessen Wettbewerbsfähigkeit steigt. Darüber hinaus kann Job Crafting dazu beitragen, dass Arbeitnehmende ihre Rolle klarer verstehen und sich besser in die Organisation einfügen, indem sie enger mit anderen Abteilungen und Kolleg*innen zusammenarbeiten und sich bewusster mit den Zielen und Werten der Organisation verbinden. Aufmerksame Unternehmen erkennen rechtzeitig den Weiterbildungs- und Entwicklungsbedarf ihrer Mitarbeitenden. Wer zufriedener ist und sich innerhalb eines Unternehmens persönlich und fachlich weiterentwickeln kann, bindet indirekt Human- und Sozialkapital und verhindert Kosten durch Burn-out, hohe Fehlzeiten und Fluktuation.

Job Crafter können einen positiven Schneeballeffekt auslösen, der zu mehr Jobzufriedenheit inklusive gesteigertem beruflichen Selbstwertgefühl einerseits und zu einem verbesserten Beitrag zum Unternehmensziel andererseits führt. Sie formen die Organisation, in der sie arbeiten. Dementsprechend ist das aktive Gestalten der eigenen Arbeitsbedingungen etwas, was allen Mitarbeitenden zu empfehlen ist, was jede Führungskraft wertschätzen und jede Organisation als Methode einer innovativen und positiven Unternehmenskultur etablieren und unterstützen sollte. Job Craftern rate ich, im Gespräch mit ihrer Führungskraft die beschriebenen Vorteile als Argumente ihres Vorhabens zu nutzen.

> **Unternehmen empfehle ich, die Idee des Job Crafting unter den Mitarbeitenden bekannter zu machen. Sie sollten sie motivieren, Job Crafting anzuwenden, und seine Methoden über Literatur, Workshops oder interne Karrierecoachings verbreiten.**

Kann Job Crafting auch negative Effekte haben?

Wer Job Crafting gewissenhaft plant und umsetzt, wendet dafür Zeit und Energie auf. Arbeitgebende könnten befürchten, dass Mitarbeitende dann für die Erledigung wichtiger und dringender Aufgaben nicht mehr zur Verfügung stehen, was in der Folge den reibungslosen Unternehmensalltag stören oder für zusätzliche Belastung von Kolleg*innen sorgen könnte. Sie haben vielleicht auch Angst davor, dass Mitarbeitende sich durch Job Crafting die Rosinen unter den Aufgaben rauspicken könnten und unbeliebte Tätigkeiten am Ende von niemandem mehr übernommen werden.

Der Organisation ist darüber hinaus bewusst, dass es Mitarbeitende und das Unternehmen selbst Zeit und Arbeitskraft kostet, Aufgaben anzupassen, hinzuzufügen oder umzuverteilen. Um sich mit Schulungen und Weiterbildungen auf neue Aufgaben und Projekte vorzubereiten, binden Job Crafter Ressourcen außerhalb des Unternehmens, melden eventuell Anspruch auf Bildungsurlaub an und verursachen Kosten. Erst einmal! Später werden sie genau diese Kosten an anderer Stelle einsparen oder sogar den Umsatz steigern können.

Wird Job Crafting erfolgreich durchgeführt, ist der Nutzen immer größer als der Aufwand. Dennoch lohnt sich ein Blick auf denkbare Risiken und Hindernisse, um ihnen aktiv entgegenwirken zu können und mögliche Fehler zu vermeiden.

Obgleich meine Kund*innen das Potenzial erkennen, das in der individuellen Gestaltung der Arbeit liegt, fürchten einige – vollkommen unabhängig von ihrer Position – mögliche Konflikte mit ihrer Führungskraft. Es könnte nämlich sein, dass deren Einstellung zum Job Crafting von der eigenen abweicht. Diese Angst lähmt die Kund*innen häufig sehr. In manchen Fällen überlegen sie nicht einmal mehr, wie sie die eigene Situation verbessern können. Oder sie versuchen, ihre Job-Crafting-Maßnahmen ohne Absprache mit den Kolleg*innen und Vorgesetzten anzugehen. Beides ist keine gute Idee und hat unter Umständen negative Folgen auf mehreren Ebenen: Die einzelnen Mitarbeitenden verschwenden ihr Potenzial, die unausgewogene Ressourcenverteilung im Unternehmen bleibt bestehen und es kommt zu Konflikten mit Personen, die kein Job Crafting betreiben oder nicht in den Prozess involviert sind.

Wenn Sie zum Job Crafter werden, brauchen Sie innere Entschlossenheit und Kraft. Denn es ist durchaus möglich, dass Sie zwischenmenschlichen Gegenwind bekommen – nicht nur von Vorgesetzten, sondern auch von Kolleg*innen.

Das zeigt zumindest meine Erfahrung. So könnte beispielsweise die Diskrepanz zwischen dem Selbstbild einer Person und dem Bild, das ihre Führungskraft von ihr hat, zum Problem werden. Manchmal weicht die Einschätzung der individuellen Potenziale und der möglichen Arbeitsleistungen und Aufgabenbereiche so stark voneinander ab, dass diese Unstimmigkeiten das Arbeitsverhältnis und die Atmosphäre beeinträchtigen, wodurch sich meistens auch das Team belastet fühlt.

Job Crafter berichten häufig vom Gefühl der Enttäuschung, wenn ihre Wünsche nach Veränderung nicht erfüllt werden, obgleich sie der Meinung sind, dass erfolgreich implementierte Job-Crafting-Maßnahmen durchaus im Sinne des Unternehmens sind. Manche Vorgesetzte stehen dem Job Crafting aus ganz persönlichen Gründen kritisch gegenüber: Sie befürchten, dass bewährte Hierarchien ins Wanken geraten und sie dadurch einen Machtverlust erleiden könnten. Auch innerhalb des Teams kann Job Crafting zu Unruhe führen. Das ist ähnlich wie bei einem Mobile: Bewegen Sie ein Teil, kommen auch die anderen in Schwingung und das System muss sich neu einpendeln. Manche Kolleg*innen empfinden Gefühle wie Neid, Missgunst, Enttäuschung, Trauer, Angst oder Wut, wenn infolge von Job Crafting Verantwortungsbereiche neu verteilt oder Aufgaben umgestaltet werden. Diese Form der aktiven Beziehungsgestaltung fühlt sich für Ihr Umfeld vielleicht ungewohnt an und löst Skepsis oder Widerwillen aus.

Nicht jede*r ist offen für Veränderung und wehrt sie deswegen ab. Es gibt Arbeitnehmende, die gar nicht an Job Crafting interessiert sind, weil sie »einfach nur ihren Job machen« und ansonsten »in Ruhe gelassen werden wollen«. Für sie könnte Ihr aktives Einwirken auf den Job wie eine Bedrohung für die eigene Einstellung wirken. Bleiben Sie miteinander im Gespräch, um Job Crafting Ihren Teammitgliedern gegenüber nicht zum Dogma zu machen. Sie könnten sich von Ihnen bevormundet fühlen und Ihre Ideen und Maßnahmen allein schon deshalb abwehren.

Achten Sie auch auf sich selbst; muten Sie sich durch Job Crafting nicht zu viel auf einmal zu. In der Euphorie kann es leicht passieren, dass man sich mit zu vielen neuen Projekten psychisch und physisch überfordert, was langfristig zu Erschöpfung oder Burn-out führen kann. Auch sollten Sie Ihre Aufgaben nicht so häufig verändern, dass Ihre Konzentrationsfähigkeit leidet und Sie Prozesse weder gut standardisieren noch Abläufe effizient abschließen können.

Eine gängige Angst meiner Job-Crafting-Kund*innen ist, dass sie sich infolge ihres Wunsches nach veränderten Aufgaben oder Arbeitsbedingungen einem besonders starken Druck am Arbeitsplatz aussetzen, weil sie denken, ihre Führungskraft würde nun mehr Produktivität von ihnen erwarten. Nach dem Motto: Je mehr Freiheit bei der Jobgestaltung, umso bessere Ergebnisse! In diesem Fall ist es wichtig, diese Befürchtungen konkret zu benennen und zu adressieren und gemeinsam mit der Führungskraft realistische Erwartungen zu formulieren.

Eine Frage der Haltung: Voraussetzung für Job Crafting

Es scheint selbsterklärend zu sein, aber in meiner Arbeit erlebe ich immer wieder, dass mangelnde Selbstwertschätzung erfolgreiches Job Crafting verhindert. Sie müssen Ihre Stärken zu diesem Zeitpunkt noch nicht alle kennen, es geht eher um die innere Überzeugung, dass jede und jeder, auch Sie, prinzipiell Stärken, Fähigkeiten und Talente hat.

> **Job Crafting beschreibt die bewusste und aktive Anpassung des Jobs an Ihre Stärken, Präferenzen und Bedürfnisse. Die Voraussetzung: Sie müssen von Ihren positiven Eigenschaften überzeugt sein, sprich, über ein positives Selbstwertgefühl verfügen.**

Darüber hinaus sollten Sie daran glauben, dass Sie etwas verändern können. Haben Sie das Vertrauen, Ihre Stärken, Fähigkeiten und Ressourcen so einsetzen zu können, dass Sie Einfluss auf Ihre Umwelt nehmen und Ihre Ziele erreichen können. Diesen Glauben an die eigenen gestalterischen Kräfte nennt man Selbstwirksamkeit, sie ist die zweite wichtige Voraussetzung für erfolgreiches Job Crafting. Menschen mit einer hohen Selbstwirksamkeit sind tendenziell motivierter, Herausforderungen anzunehmen und Schwierigkeiten zu überwinden. Fragen Sie sich also, bevor Sie loslegen, nach Ihrer Haltung: »Bin ich davon überzeugt, ausreichend positive Eigenschaften und Stärken zu haben, und glaube ich daran, sie so einsetzen zu können, dass ich erreiche, was ich mir vornehme?« Für je wahrscheinlicher Sie es halten, dass Sie Umstände und Beziehungen beeinflussen und zum Besseren verändern können, desto motivierter werden Sie sich ans Werk machen.

Um den Prozess des Job Crafting aktiv anzugehen und die eigenen Änderungswünsche auch gegen Widerstände in der Organisation zu verteidigen, braucht es Offenheit, Mut und Kraft. Je offener Sie für Veränderungen sind, je kreativer Sie nach Lösungen suchen, je mehr Sie bereit sind, neue Wege zu gehen, und je nachhaltiger Sie sich Ihrem Vorhaben widmen, desto größer wird Ihr Gefühl von Zufriedenheit am Arbeitsplatz werden. Sie sollten außerdem flexibel genug sein, den Kurs anzupassen, wenn etwas nicht wie geplant funktioniert.

Sehen Sie Job Crafting als einen agilen und sich wiederholenden Prozess, der nicht mit einem Versuch abgeschlossen ist.

Sie werden Ihre Arbeit kontinuierlich neu gestalten, um Ihre Zufriedenheit über eine stetig besser werdende Job-Person-Passung zu steigern.

Über das Recht, im Job zufrieden zu sein

Arbeit nimmt einen bedeutenden Teil unseres Lebens ein und ihr Einfluss auf unsere Lebensqualität ist groß. Jobzufriedenheit ist eng mit dem Recht auf Arbeit, freie Berufswahl und gerechte und befriedigende Arbeitsbedingungen verknüpft, die in Artikel 23 der »Allgemeinen Erklärung der Menschenrechte« verankert sind. Demnach gehört es zu einem menschenwürdigen Leben, sein Potenzial im Beruf entfalten und Jobzufriedenheit erleben zu können. Oder, um es noch deutlicher zu formulieren: Jeder Mensch hat das Recht, im Beruf zufrieden zu sein. Das ist nicht nur für das psychische Wohlbefinden entscheidend, sondern wirkt sich auch auf soziale Beziehungen und wirtschaftliche Leistungsfähigkeit aus.

Weil sowohl Arbeitnehmende als auch Arbeitgebende und die Gesellschaft als Ganzes davon profitieren, sollte es im Interesse aller sein, für eine positive Arbeitsatmosphäre zu sorgen und das Recht auf Zufriedenheit im Beruf zu gewährleisten.

Was bedeutet Arbeitszufriedenheit?

Dass Sie mit Ihrer Arbeit zufrieden sind, macht sich auf verschiedene Weise bemerkbar. Generell haben Sie Ihrem Job gegenüber eine positive Einstellung, was sich darin äußert, dass Sie sich in Gesprächen wohlwollend über Ihre Tätigkeit, die Organisation und das Miteinander am Arbeitsplatz äußern. Wenn Sie an Ihren Beruf denken, stellt sich innerlich ein bejahendes Gefühl ein. Folgen dieser Arbeitszufriedenheit sind zum Beispiel: geringe Fehlzeiten, seltene berufliche Wechsel, hohes Engagement, offene, zugewandte Körpersprache oder gute Zusammenarbeit mit Kolleg*innen.

In Bezug auf Arbeitszufriedenheit gibt es auf der einen Seite Faktoren, die erfüllt sein müssen, damit Sie nicht unzufrieden sind, die im Umkehrschluss aber nicht unbedingt zu hoher Zufriedenheit führen – sogenannte Hygienefaktoren. Dazu zählen das Gehalt, die Arbeitsplatzsicherheit, physisch angenehme Arbeitsbedingungen und gesunde soziale Beziehungen. Auf der anderen Seite stehen Faktoren, die bei positiver Ausprägung eine motivierende Wirkung haben und die Arbeitszufriedenheit steigern. Das sind zum Beispiel Anerkennung, persönliches Wachstum, Verantwortung, bedeutsame Beziehungen oder Sinnerleben.

Jeder Mensch strebt in unterschiedlicher Ausprägung nach Autonomie und Kontrolle, wir alle wollen das Gefühl erleben, selbstbestimmt zu sein, unsere Aufgaben gut erledigen und Einfluss nehmen zu können. Die Bedürfnisse nach Bindung und Selbstwerterhöhung werden befriedigt, wenn wir uns im Team zugehörig fühlen und Unterstützung und Anerkennung von anderen erfahren – und das sowohl in Bezug auf die Arbeit als auch als private Person. Wichtig ist auch, dass unsere Erwartungen an den Job erfüllt werden.

Das Maß der Arbeitszufriedenheit ergibt sich aus der Formel »Realität minus Erwartungen«. Sind Hoffnungen und Ansprüche an den Job höher als das, was die berufliche Situation hergibt, gerät das Zufriedenheitsniveau ins Minus. Vergleicht man die eigenen Bedürfnisse mit der tatsächlichen Jobsituation und stellt fest, dass der Job die Erwartungen erfüllt oder sie sogar übertrifft, stellt sich ein positives Gefühl ein. Ist Ersteres der Fall, setzt genau hier Job Crafting an. Sein Ziel: Ihre persönlichen Kriterien von Arbeitszufriedenheit sind wieder erfüllt, Sie fühlen sich selbstbestimmt statt ferngesteuert von äußeren Rahmenbedingungen oder inneren Automatismen, Sie können sich selbst Ausdruck verleihen, pflegen positive Beziehungen, fühlen sich kraftvoll und messen Ihrem Job Bedeutung bei.

Auch das Arbeitsklima wirkt sich auf die eigene Stimmung aus. Persönliche Wertschätzung ist dabei besonders wichtig. Eine positive Arbeitsatmosphäre entsteht, wenn alle offen, respektvoll und wohlwollend miteinander kommunizieren, man über verschiedene Hierarchieebenen hinweg aufrichtig agiert, eine von Vertrauen geprägte Kultur gelebt wird und alle mit wichtigen Daten und Informationen transparent umgehen. Auch strukturelle Bedingungen wie angemessene Arbeitszeiten, Flexibilität in der Tätigkeitsausübung, die Vereinbarkeit von Familie und Beruf sowie Aufstiegschancen als Teil einer wertschätzenden Arbeitskultur tragen maßgeblich zum Wohlbefinden bei.

Mitarbeitende wünschen sich nicht nur, dass die Stelle den eigenen Stärken und Bedürfnissen entspricht, sondern auch, dass sie durch die Arbeit persönlich und fachlich wachsen können. Sie wollen sich interessanten Aufgaben widmen und erwarten von ihren Führungskräften Unterstützung in der eigenen Entwicklung – zum Beispiel durch individuelle Aufgabengestaltung oder Weiterbildungsmöglichkeiten. Damit einher geht die Forderung nach individueller Beziehungsgestaltung. In meinen Beratungen erlebe ich, wie wichtig es für Menschen ist, dass sie als einzelne Person gesehen werden und nicht als kleines Rädchen in einer großen Maschinerie. Vorgesetzte sollten Interesse an ihren Mitarbeitenden zeigen und ihnen qualitativ hochwertiges Feedback für ihre Arbeit geben. Positive Rückmeldungen fördern das Selbstvertrauen, weil sie das Gefühl stärken, sich auf die eigenen Kompetenzen verlassen zu können.

Wir können Lob nur annehmen, wenn wir unsere Leistungen auf unser eigenes Können und Handeln zurückführen können. Ist das nicht der Fall, spricht man vom sogenannten Hochstapler-Syndrom.

Wer von diesem Syndrom betroffen ist, hat trotz objektiver Erfolge und positiver Rückmeldungen das Gefühl, die Leistungen nicht aus eigener Kraft erbracht zu haben oder in seinen Fähigkeiten überschätzt zu werden. Das führt zu der Angst, damit irgendwann aufzufliegen. Deshalb brauchen Mitarbeitende das Vertrauen der Führungskraft, dass sie Entscheidungen eigenverantwortlich treffen und selbstständig handeln können. Mitarbeitende wünschen sich aber auch Rollenklarheit und ein gewisses Maß an Orientierung durch ihre Führungskraft, zum Beispiel durch regelmäßige Absprachen und Feedbackgespräche, die sowohl fachliche als auch zwischenmenschliche Aspekte enthalten sollen, um sich an das Unternehmen gebunden zu fühlen.

Außerdem wollen sie das Gefühl haben, dass für alle die gleichen Regeln gelten und sie fair behandelt werden. So sollte die Möglichkeit, flexible Arbeitszeiten zu nutzen, um die Work-Life-Balance zu verbessern, für alle gleichermaßen bestehen. Gehen Mitarbeitende in höheren Positionen regelmäßig früher nach Hause, während ihr Team Überstunden macht, schleicht sich nach und nach ein Gefühl der Ungerechtigkeit ein. Auch wenn Karriereentscheidungen nicht auf einer fairen Grundlage, sondern auf der Basis von Sympathien getroffen werden, schwindet das Vertrauen in die Führungsebene.

Hinzu kommt das eigene Sinnerleben beim Arbeiten. Jede und jeder möchte Sinn in der eigenen Arbeit finden. Das heißt nicht, dass man sich beruflich sozial engagieren muss. Es meint lediglich, dass wir einer Arbeit nachgehen wollen, die im eigenen Empfinden bedeutsam ist, weil wir sie als wertvoll und relevant einstufen und sie in einem übergeordneten Zusammenhang einen Beitrag leistet. So gilt ein Job als »organistationsbedeutsam«, wenn wir dabei das Gefühl haben, zum Erfolg des Unternehmens beizutragen, und als »umweltbedeutsam«, wenn die eigene Arbeit gefühlt dazu beiträgt, die Umwelt zu schützen oder Nachhaltigkeit zu fördern. Als »sozial bedeutsam« nehmen wir unsere Arbeit wahr, wenn wir das Gefühl haben, mit unserem Schaffen einen Beitrag zum Wohl anderer Menschen oder der Gesellschaft zu leisten. Darüber hinaus hängt es maßgeblich von der Passung zwischen Ihrer Persönlichkeit, der Arbeit und der Organisation – Ihrer Job-Person-Passung – ab, als wie sinnvoll Sie Ihren Job erachten.

Job-Person-Passung: Je authentischer, desto glücklicher

Hier geht es darum, wie gut das Matching zwischen uns und unserem Job ist. Der Job passt besonders gut zu uns, wenn die Tätigkeit auf unsere Stärken und Fähigkeiten abgestimmt ist, unsere individuellen Präferenzen, Wünsche und Bedürfnisse im Job erfüllt werden, wir Anregung erfahren, uns aufgehoben und zugehörig fühlen und unsere eigenen Werte im Job widergespiegelt oder zumindest nicht verletzt werden.

Wer im Job authentisch sein kann, dafür Anerkennung erfährt und damit Erfolg hat, erlebt eine sehr gute Job-Person-Passung und ist dementsprechend zufrieden im Beruf.

Als authentisch kann man einen Menschen bezeichnen, der echt, glaubwürdig, unverfälscht und im Einklang mit sich selbst ist. Kriterien von Authentizität sind Selbstbewusstsein – sich seiner selbst bewusst zu sein – und Selbstakzeptanz. Das bedeutet: Ein authentischer Mensch kennt sich selbst und nimmt sich als die Person an, die er ist. Er ist mit sich verbunden, spürt seine Gedanken und Emotionen, Wünsche und Bedürfnisse und hat die Fähigkeit, sie zu artikulieren bzw. für ihre Erfüllung zu sorgen. Wer authentisch ist, kennt seine Werte und Überzeugungen, richtet seine Lebensgestaltung danach aus und kann seine Entscheidungen nach außen vertreten – auch gegen Widerstände.

Weil ihr die eigenen Grenzen bewusst sind, kann eine authentische Person zwischen den Dingen, die ihr guttun, und denen, die ihr Energie rauben, unterscheiden sowie zu Letzteren »Nein« sagen. Sie ist aufrichtig im Umgang mit sich selbst und anderen, was zu einer guten Feedbackkompetenz führt und die Qualität der Beziehungen verbessert. Authentische Menschen sind konsequent im eigenen Verhalten. Anstatt opportunistisch zu sein, sich übermäßig stark an andere anzupassen oder eigene Gefühle abzuwehren, folgen sie unbeirrt ihrer inneren Stimme. Schein und Sein stimmen überein, es ergibt sich ein stimmiges Bild ohne große Brüche zwischen Selbst- und Fremdbild. Wir nehmen diese Menschen als wahrhaftig wahr.

Authentizität hat viele Vorzüge: Wer sich annimmt, wie sie oder er ist, befindet sich nicht ständig im Kampf mit unliebsamen inneren Anteilen und verspürt deshalb viel seltener das Bedürfnis, sich zu verbiegen, zu rechtfertigen, zu entschuldigen oder zu relativieren. In der Selbstpräsentation gibt es kaum Formulierungen wie »vielleicht«, »ein bisschen« oder »Ich weiß nicht genau, ob das stimmt«. Eine authentische Person wehrt Lob nicht durch Einschränkungen wie »Das war doch gar nicht so gut« oder »Das ist ja nichts Besonderes« ab, sondern kann die Wertschätzung anderer annehmen. Das verleiht ihr zusätzliche Energie. Insgesamt sind authentische Personen beruflich mehr im Flow, erfolgreicher sowie stress- und krisenresistenter.

Authentizität strahlt nach außen und gibt anderen das Gefühl, ebenfalls zu sich stehen zu können. Daraus ergeben sich die hohe energetische Anziehungskraft und die Vorbildfunktion authentischer Menschen.

Eine Kundin, die ich vor einer Weile beraten habe, etwa Mitte 20, wurde in ihrer Familie und im Freundeskreis immer als »die Schöne« bezeichnet und dazu gedrängt, sich als Model casten zu lassen. Vom Typ her eher schüchtern und sensibel traute die junge Frau sich das nicht zu und präsentierte sich stattdessen über ihr Social-Media-Profil, was ihr eine immer größer werdende Zahl von Followern bescherte. In einem schleichenden Prozess wurde sie beruflich zur Influencerin und ihr Bekanntheitsgrad und ihre Popularität stiegen stetig an. Das wurde von der jungen Frau sehr zwiespältig erlebt: Die Diskrepanz zwischen ihrem perfekten Image und dem echtem Selbst und der damit verbundene Druck wurden immer größer und das Gefühl von Überforderung und Unsicherheit wuchs.

Ihre Job-Crafting-Maßnahmen bestanden darin, ihre Tätigkeit inhaltlich mehr ihrem wahren Selbst anzupassen. Sie teilte zunehmend authentische Inhalte, baute ein neues Netzwerk von lebensnäheren Influencer*innen auf und initiierte öffentlich Diskurse zum Thema »Schönheitsideale«. Indem sie nicht nur die makellose Fassade, sondern auch die Höhen und Tiefen ihrer Persönlichkeitsentwicklung öffentlich machte und diskutierte, verstand sie, dass sie nicht immer perfekt sein musste, um anerkannt zu werden. Sie fühlte sich ihren Followern näher und baute mit der Zeit mehr und mehr Selbstsicherheit auf. Die Job-Person-Passung war perfekt.

Ich werde immer wieder gefragt, ob »echt und unverstellt« nicht bedeuten kann, dass auch jemand authentisch ist, der sich egoistisch verhält, jeden Vorteil für sich rausschlägt – zur Not auch zum Nachteil anderer – und dementsprechend unsympathisch und unsozial ist. Da ich in meinem Menschenbild davon ausgehe, dass der psychisch gesunde Mensch im Kern gut ist, widerspricht derart egozentrisches oder opportunistisches Verhalten meiner Vorstellung von Authentizität. Es zeigt lediglich, wie weit jemand von seinem Kern entfernt ist. Daher gilt die Formulierung »Ich bin halt so!« auch nicht als Ausrede für Egoismus oder lausiges Sozialverhalten.

Das Gegenteil von Authentizität zeigt sich in einer Person, deren Auftreten und Handeln immer wie eine Inszenierung wirken: Sie möchte jemand sein – oder nach außen vorgeben, jemand zu sein –, die oder der sie im Kern nicht ist.

Unauthentisch ist, wer sich übermäßig mit unpassenden Rollen oder Klischees identifiziert, ein unerreichbares oder nicht stimmiges Idealbild der eigenen Person im Kopf hat und gegen den eigenen Wesenskern handelt, um dem nicht stimmigen Selbstkonzept oder den Erwartungen anderer zu entsprechen.

In meinen Beratungen begegnen mir viele Menschen, die auf dem Papier eine großartige Karriere hingelegt haben, sich aber durch die Anpassung an eine nicht stimmige Rolle von sich selbst entfremdet haben. Sie sind erfolgreich, aber nicht erfüllt, wie dieses Beispiel zeigt: Im Selbstkonzept eines Kunden Anfang 40 war der Gedanke, ein erfolgreicher Geschäftsmann zu sein, fest verankert. Nachdem er seine Festanstellung mit Anfang 30 gekündigt hatte, weil er sich nicht ausreichend gesehen und befördert fühlte, scheiterte er mit drei verschiedenen Geschäftsideen, bevor die Gründung einer Onlineplattform so vielversprechend war, dass er Investoren für seine Vision gewinnen konnte.

Als er zu mir in die Beratung kam, war sein Start-up durch die erste Finanzierungsrunde stark gewachsen, er spürte die hohen Erwartungen der Investoren und der Druck, dem er sich als Geschäftsführer ausgesetzt sah, war immer weniger auszuhalten. Er fühlte sich gefangen in der Rolle des fleißigen operativen Unternehmers. Ihm war inzwischen klar geworden, dass sie einfach nicht zu ihm passte. Er hatte sich an diesem Image festgebissen, vor allem an dem Eindruck, den er auf andere machen wollte. Er war nun zwar erfolgreich, fühlte sich aber nicht gut. Selbstzweifel, die ständige Angst zu versagen und Erschöpfung machten sich in ihm breit, und er versuchte das zu überspielen, indem er seine Erfolge übermäßig betonte. Ein Teufelskreis.

Erst als es meinem Klienten gelang, sein Idealbild und Selbstkonzept an sein wahres Selbst anzupassen, konnte er über Job-Crafting-Maßnahmen in eine authentische berufliche Rolle finden. Als visionärer Unternehmer kümmerte er sich fortan hauptsächlich um die langfristige Strategie und die Entwicklung des Start-ups. Er entwickelte innovative Ideen, um die Organisation auf weitere Finanzierungsrunden vorzubereiten. Um die Visionen in die Praxis umzusetzen, arbeitete er eng mit einer operativen Führungskraft zusammen. So konnte er sich auf seine Stärken als Ideengeber, Stratege und Kommunikator konzentrieren, während er gleichzeitig sicherstellte, dass das Unternehmen effizient und effektiv arbeitete.

Ein unauthentisches Berufsleben bedeutet, dass Sie etwas tun, was nicht zu Ihnen passt. Das kann auf der einen Seite ein »Zuviel« sein: Sie verbleiben in unliebsamen Umständen, obwohl Sie spüren, dass es an verschiedenen Stellen hakt. Sie gehen einen faulen Kompromiss ein, machen zu viele Dinge, die Sie nicht mögen, erledigen Aufgaben auf eine Art und Weise, die Ihnen nicht entspricht, oder pflegen Beziehungen, in denen Sie nicht Sie selbst sein können.

Auf der anderen Seite zeichnet sich das Unauthentische durch ein »Zuwenig« aus: Wichtige Teile Ihrer Persönlichkeit finden in Ihrem Job keinen Ausdruck. Hier zeigen oder machen Sie zu wenig von dem, was zu Ihnen passt und Sie mit Energie versorgen würde. Nehmen wir an, Sie sind eine kreative Person, die ihren Ideenreichtum auch gerne im Job einbringen würde, aber Ihre Arbeit verlangt hauptsächlich administrative und redundante Tätigkeiten von Ihnen. Langfristig führt das Unpassende immer zu Unzufriedenheit. Es heißt zwar oft, dass Burn-out vor allem aus einem »Zuviel« entsteht. Es kann aber auch daraus resultieren, dass wir »zu wenig« von dem tun, was uns guttun würde.

Besonders im Beruf besteht die Gefahr, dass wir über den Versuch, einer unpassenden Rolle zu entsprechen, in eine Diskrepanz von gelebtem Alltag und eigenem Wesenskern geraten. Damit verbunden ist eine Abwärtsspirale von Erschöpfung und unangenehmen Emotionen.

Eine unpassende berufliche Rolle ausfüllen zu wollen, gleicht dem Versuch, mit viel Aufwand neben der Mine zu buddeln, um auf Gold zu stoßen: Egal, wie sehr Sie sich anstrengen, Sie werden niemals fündig.

Das ist nicht nur inhaltlich frustrierend, sondern führt auch dazu, dass wir weder persönlich noch professionell jemals das Feedback erhalten, das wir uns wünschen – und das wir erhalten könnten, würden wir tatsächlich auf der Mine buddeln. Ich erlebe viele Klient*innen, die in den Automatismen eines unauthentischen Berufsalltags gefangen sind und einfach nur noch funktionieren. Der erste Schritt, um aus diesem Dämmerschlaf aufzuwachen, ist die Bewusstwerdung. Erkennen Sie die Zeichen, die Sie auf Ihre unauthentische Rolle hinweisen. Es ist nicht normal, dass die Arbeit Sie auslaugt.

Woran Sie merken, dass Ihr Job nicht der richtige ist

Da, wo das Leben nicht authentisch gelebt wird, macht es sich bemerkbar. Zunächst durch ein leises Gefühl von Unzufriedenheit. Wird es überhört, werden die Hinweise der Psyche deutlicher. Wenn Sie sich in einer unpassenden beruflichen Rolle wiederfinden, werden Sie eine innere Zerrissenheit spüren, ein Gefühl von »Irgendetwas stimmt nicht«, das Sie nicht richtig greifen können. Ist es Ihnen schon einmal so ergangen, dass Sie sich aufgrund Ihres Jobs oder eines Erlebnisses bei der Arbeit tagelang geärgert haben, zu laut geworden sind, gelästert oder sich danebenbenommen haben? Im Folgenden liste ich exemplarisch einige Folgen von mangelnder Job-Person-Passung auf, die Sie als Zeichen Ihrer Unzufriedenheit werten können.

Wenn sich die Gedanken im Kreis drehen: Overthinking

Eines der ersten Anzeichen für berufliche Unzufriedenheit ist das übermäßige Nachdenken über Ihren Job, auch »Overthinking« genannt. Das Denken gerät derart außer Kontrolle, dass Sie keine guten Entscheidungen mehr treffen oder Lösungen finden können. Im Gegenteil, Sie stellen getroffene Entscheidungen sogar infrage. »Vielleicht war es doch nicht so gut, dass …« und »Vielleicht hätte ich doch lieber …«. Oder Sie verharren im Gedankenkarussell der »Was wäre, wenn?«-Fantasien. »Was wäre, wenn ich einen anderen Beruf gewählt hätte?«, »Was wäre, wenn ich mich auf einen anderen Job bewerben würde?«, »Was, wenn dadurch gar nichts besser wird?«

Ich nenne das »Paralyse durch Analyse«, denn auf diese Art von Fragen gibt es keine Antwort. Sie können sich immer weiter in potenziellen Zukunftsszenarien verlieren, ohne einer Lösung Ihres aktuellen Problems auch nur ein Stück näher zu kommen. Auch anhaltende Tagträume von einem anderen Leben als – beispielsweise – Kinderarzt oder Jetpilotin rauben Ihnen die Fähigkeit, Ihre Energie dem Hier und Jetzt zu widmen, um tatsächlich etwas zu verändern. Diese Art von Lähmung durch Overthinking und Daydreaming ist ein Zeichen dafür, dass Sie den Kontakt zu sich selbst verloren haben. Sie zweifeln, weil Sie keine innere Referenzgröße für Ihre Entscheidungen finden. Sie wissen nicht mehr, wer Sie sind, was zu Ihnen passt und was Sie wollen. Statt die Antworten im Außen zu suchen, betrachten Sie diesen Zustand als Zeichen Ihres Unbewussten:

> **Ihr Innerstes sehnt sich nach Authentizität, nach einer Rückkehr zu sich selbst.**

»Ich doch nicht!« Abwehrmechanismen der Psyche

Weil die Psyche versucht, die Misere mit Namen »unauthentisches Leben« in Schach zu halten, entwickelt sie Abwehrmechanismen. Das sind Vorgänge, mit denen wir versuchen, innerpsychische oder zwischenmenschliche Konflikte zu regulieren, um uns emotionale Entlastung zu verschaffen. In meist unbewussten Prozessen schützen wir uns damit vor schmerzhaften Gefühlen, indem sie uns die Situation »alternativ« wahrnehmen oder handhaben lassen. So könnte eine Person, die eine wichtige Prüfung nicht bestanden hat, sich mit der Behauptung entlasten, die Fragen seien unfair oder ohnehin unwichtig gewesen, anstatt sich einzugestehen, dass sie möglicherweise nicht gut genug vorbereitet war, was in ihr Gefühle von Schuld oder Scham hervorrufen könnte.

Jeder Mensch nutzt Abwehrmechanismen, um die Folgen von Nicht-Authentizität auszugleichen, mentale Balance wiederherzustellen, Stress abzubauen und unangenehme Emotionen zu vermeiden. So nützlich sie für unser mentales Wohlbefinden kurzfristig sind, so schädlich können sie jedoch auf lange Sicht werden, weil sie uns davon abhalten, das Problem an der Wurzel zu packen. Abwehrmechanismen können als Zeichen mangelnder Authentizität verstanden werden – und als Hilferuf der Psyche. Sie können Ihnen als Wegweiser für eine authentische Lebens- und Jobplanung dienen.

Häufig beobachtet und selten reflektiert wird der Abwehrmechanismus der »Verschiebung«: Anstatt die Chefin mit der eigenen Unzufriedenheit über mangelhafte Prozessorganisation und Mitarbeiterführung zu konfrontieren, wird der Frust an Partnern, Kindern oder anderen Personen aus dem privaten Umfeld ausgelassen. Diese Verschiebung ist häufig die Ursache dafür, dass eine mangelnde Job-Person-Passung zur Verschlechterung der privaten Lebensqualität führt. Statt das Problem im Job zu lösen, verschiebt sich der Konflikt ins Private, wo er weitere Probleme verursacht, die gelöst werden müssen, was wiederum dazu führt, dass die eigentliche Ursache immer weiter in den Hintergrund rückt und stattdessen an Nebenschauplätzen gekämpft wird. Diesen Mechanismus zu erkennen, wäre hier bereits der entscheidende Schritt, um einen konstruktiven Umgang mit der Situation zu entwickeln.

Vielleicht kennen Sie ähnliche Situationen: Eine Mitarbeiterin fühlt sich von ihren Kolleginnen ausgeschlossen, sie empfindet deren Kommunikation als feindlich und abwertend. Als eine dieser Kolleginnen sie wieder einmal enttäuscht, reagiert sie unverhältnismäßig harsch und wirft ihr vor, bei ihrem Verhalten sei es kein Wunder, dass sie kaum Anschluss im Team habe und keine Anerkennung der Vorgesetzten erhalte. Vermutlich versteht weder sie selbst noch die Kollegin, was gerade passiert ist.

Beim Abwehrmechanismus »Projektion« werden eigene Denk- oder Verhaltensweisen auf andere Personen übertragen.

Mit ihrem Angriff leitet die Mitarbeiterin die eigene unbewusste Angst, nicht liebenswert zu sein, auf eine andere Person um, anstatt sich um konstruktiven Austausch und die Stärkung der Teamarbeit zu bemühen oder ihre eigenen Ängste und Sorgen anzusprechen und aufzulösen.

Der Schlüssel zum Umgang mit der Projektion liegt in der Empathie gegenüber sich selbst. Wenn jemand Sie stark aufregt, könnte es sein, dass Sie eigene Anteile auf Ihr Gegenüber projizieren. Fragen Sie sich:

»Warum triggert mich das so sehr – was hat das mit mir zu tun?« Womöglich handelt es sich um Anteile, die Sie in sich selbst ablehnen, oder Eigenschaften, die Sie sich nicht erlauben. Oder Sie neiden sie anderen, weil Sie insgeheim selbst gerne so wären. Das, was uns an anderen nervt, ist ebenso wie das, was uns an anderen fasziniert, immer auch ein Hinweis auf Wachstums- und Entwicklungspotenziale im eigenen Leben. Fragen wie »Mit welchem Anteil in mir kann ich mich versöhnen, statt ihn zu bekämpfen?« und »Welchen Anteil möchte ich mehr leben?« können Ihnen helfen, diesen Potenzialen auf die Spur zu kommen. Vielleicht ist die Wut auf die selbstwertstarke Kollegin ein Hinweis auf den Wunsch, die eigene Dominanz zu entwickeln, sich in Meetings mehr Gehör zu verschaffen und sichtbarer zu werden.

Der Abwehrmechanismus »Somatisierung« bezieht sich auf das Umwandeln von psychischem Stress in körperliche Symptome und ist gerade im Zusammenhang mit beruflicher Unzufriedenheit weit verbreitet. Die meisten Menschen kennen leichte Formen von Somatisierung zur Verarbeitung von Stress und Ängsten wie Erröten oder Verspannungen, Kopfschmerzen, Magen-Darm-Probleme oder einen hohen Puls. Wiederkehrende körperliche Signale sollten unbedingt ernst genommen und ärztlich abgeklärt werden.

Im Fall eines Programmierers, Mitte 30, der Videospiele entwickelte und seinen Job liebte, äußerte sich die Somatisierung in häufigen Infekten. Er kam in die Beratung, nachdem im Zuge einer Umstrukturierung im Entwicklungsstudio auf Paarprogrammierung umgestellt wurde, um die Qualität des Codes zu verbessern und die Effizienz bei der Entwicklung zu erhöhen. Obwohl mein Kunde im Tandem die Rolle hatte, als Fahrer aktiv den Code zu schreiben, meldete er sich immer häufiger krank und wich damit dem Beifahrer aus, der seinen Code überprüfte und ihm Feedback und Verbesserungsvorschläge unterbreitete.

Die Analyse der veränderten Jobsituation ergab, dass mein Kunde mit den neuen Arbeitsbedingungen unzufrieden war. Es motivierte ihn, allein und selbstbestimmt zu arbeiten. Die Beobachtung durch seinen Co. innerhalb der neuen Tandem-Konstellation setzte ihn unter Stress und ließ ihn mehr Fehler machen. Anstatt den Mut aufzubringen, die neue Arbeitsweise anzusprechen und an seine Bedürfnisse anzupassen, verharrte er in der Unzufriedenheit, die sich in Krankheit und Fehltagen ausdrückte. Sobald er das änderte, ging es ihm auch körperlich wieder besser.

Wer sich bei anderen lediglich auf das fokussiert, was nicht erstrebenswert, noch nicht gut genug oder kritikwürdig ist, nutzt »Abwertung« als Abwehrmechanismus für eigene Unzulänglichkeiten. Stellen Sie sich eine junge Frau vor, die nebenberuflich mit einem kleinen Startup erfolgreich ist. In einem Flurgespräch unter Kollegen stellt einer alle in seinen Augen negativen Aspekte daran heraus: »Okay, aber der Firmenname ist albern. Und der Internetauftritt könnte direkt aus den Neunzigern kommen.« Hinter dieser offensichtlichen Abwertung verbirgt sich ein Gefühl, das die wenigsten gerne spüren oder sich eingestehen: Neid. Ähnlich geht es einer Frau, die nach der Geburt ihres ersten Kindes lange nicht berufstätig war und nun in Teilzeit arbeitet. Sie regt sich über Vollzeit arbeitende Mütter auf und findet, diese vernachlässigten ihre Kinder und seien egoistisch. Dabei erkennt sie nicht, dass ein Teil von ihr die voll berufstätigen Frauen vielleicht um ihre vermeintlich größeren Karrierechancen beneidet.

Andere abzuwerten, schlechtzureden oder über sie zu lästern, ist ein deutliches Zeichen für eigene Unzufriedenheit.

Oder haben Sie schon mal einen authentisch zufriedenen Menschen erlebt, der andere kleinmachen muss, um sich selbst zu erhöhen? Vermutlich nicht.

Wenn Sie einen Teil Ihrer selbst unterdrücken, um eine Rolle zu spielen, die nicht für Sie geschrieben wurde, werden Sie auf »Kompensationsstrategien« zurückgreifen. Das sind Versuche der Psyche, den unauthentischen Zustand auszugleichen. Wessen Bedürfnis nach Authentizität im Job nicht erfüllt wird, wird die Bedürfnisbefriedigung an anderer Stelle suchen. Ein Beispiel: Ein Mann, der im Job das Gefühl hat, nicht wichtig zu sein und ständig übersehen zu werden, sorgt auf privater Ebene dafür, dass sein Bedürfnis nach Wertschätzung oder Zugehörigkeit gestillt wird. Seine Methode: Er macht sich unentbehrlich, indem er regelmäßig die Treffen im Freundeskreis organisiert, sich um Gemeinschaftsgeschenke zu Geburtstagen kümmert und immer der Erste ist, wenn es darum geht, anderen Unterstützung anzubieten.

Aber auch das Gegenteil kann der Fall sein: Wer beruflich das Gefühl hat, durch die Komplexität oder Vielzahl an Aufgaben nichts mehr unter Kontrolle zu haben, kompensiert das gerne damit, im privaten Kontext zum Mikromanager zu werden. Häufige Kompensationsstrategien sind auch Süchte, zum Beispiel Binge-Watching, übermäßiges und ungesundes Essen, Rauchen oder Medikamenten- oder Drogenmissbrauch, die nicht selten gesundheitliche Probleme nach sich ziehen.

Kompensation kann auch bedeuten, eine Schwäche durch Überbetonung einer Stärke ausgleichen zu wollen. Stellen Sie sich einen Kreativen in einer Werbeagentur vor, der sich insgeheim schämt, weil er im Umgang mit Grafikprogrammen im Vergleich zu seinem Team wesentlich unsicherer ist. Unbewusst betont er deshalb immer, dass es für die Qualität eines Projekts vor allem auf geniale Ideen ankäme und die Umsetzung nur zweitrangig sei. Kompensation ist ein weitverbreiteter und oft sinnvoller Abwehrmechanismus. So kann ein erholsamer Urlaub als Kompensation für den anstrengenden Arbeitsalltag betrachtet werden – ein völlig »normaler« Prozess. Wichtig ist dabei nur, das Gleichgewicht zu wahren: Wer eine Schwäche oder ein Problemthema mit etwas anderem kompensiert, löst das eigentliche Problem nicht. Der Agenturmitarbeiter sollte trotz seiner Ideenstärke daran arbeiten, seine technischen Fähigkeiten auszubauen. Und wer immer wieder von seinem Job gestresst ist, sollte die Gründe analysieren und Lösungen finden, statt sich lediglich mit Angenehmem abzulenken und von Urlaub zu Urlaub zu leben.

Steine im Weg: Berufliche Selbstsabotage

Die Faktoren, die zu einer unzureichenden Job-Person-Passung geführt haben, lassen sich zwar eine Weile regulieren, doch dadurch verschwinden sie nicht. Sie können sich irgendwann auch in Akten beruflicher Selbstsabotage zeigen. Das ist dann der Fall, wenn eine Person ihren beruflichen Erfolg, die Entwicklung von Fähigkeiten oder die Möglichkeit von Beförderungen oder Gehaltserhöhungen durch ihre eigenen Verhaltensweisen untergräbt. Selbstsabotage setzt da ein, wo Ihre eigentlichen Bedürfnisse nicht befriedigt werden, Sie sich ihnen aber nicht widmen, sondern in unpassenden Umständen verharren.

Im Grunde sind es Versuche Ihrer Psyche, Sie auf Ihre echten Bedürfnisse aufmerksam zu machen. Das zeigt das Beispiel der erfolgreichen Anwältin Mitte 40, die in einer renommierten Kanzlei arbeitete. Sie war dafür bekannt, aufgrund ihrer Intelligenz, ihres Fachwissens und ihrer Kampfbereitschaft die schwierigsten Fälle zu gewinnen. Trotz ihres Erfolges wusste etwas in ihrem Unbewussten, dass sie nicht am richtigen Platz war, denn sie fühlte sich von ihrer Arbeit nicht erfüllt und spürte innerlich, dass sie ihre wahre Berufung noch nicht gefunden hatte. Hätte sie den Gedanken weiterverfolgt, wäre sie auf ihre unterdrückte Leidenschaft gestoßen: Psychologie, Menschen zuhören und helfen. Im Grunde hatte sie widersprüchliche Gedanken, die zu psychischem Unbehagen führten.

Allerdings ignorierte sie diese kognitive Dissonanz, bis sie ihre berufliche Selbstsabotage auf den Konflikt aufmerksam machte und sie zwang, erneut über ihre wahren Wünsche nachzudenken. Zunächst wurde ihre Arbeitsweise ungenau, sie vergaß wichtige Termine, verlegte Unterlagen und verwechselte Klient*innen. Es waren kleine Fehler, die sie auf ihr Arbeitspensum und die damit verbundene Erschöpfung schob. Bis sie eine entscheidende Frist verpasste, ihr Klient den Prozess verlor und in den Medien darüber berichtet wurde.

Dieser gravierende Fehler führte zu zermürbenden Selbstzweifeln und stürzte die Anwältin in eine echte berufliche Krise, die sie dazu brachte, unsere Beratung aufzusuchen. Wir deckten die versteckten Mechanismen der Selbstsabotage und die Gründe dafür auf und erarbeiteten gezielte Maßnahmen für ihr Job Crafting. Anschließend verschob sie den Fokus ihrer Arbeit: Sie widmete sich vorrangig Klient*innen mit psychischen Problemen, wirkte als Mediatorin, integrierte Pro-bono-Projekte in das Angebot der Kanzlei und übernahm Mentoring-Aufgaben für den Nachwuchs im Referendariat.

Anzeichen von Selbstsabotage sind unorganisierte Arbeitsabläufe und Prokrastination (Aufschieberitis), Vermeidung von Verantwortung, negative innere Dialoge, Abwertung der Person und Infragestellen der eigenen Leistungen. Auch mangelnde Initiative, Verbissenheit und übermäßiges Konkurrenzdenken können ebenso wie die Angst vor Misserfolg oder auch die Angst vor Erfolg darauf hindeuten, dass hier selbstsabotierende Mechanismen am Werk sind. Wenn es Ihnen an

Zielen mangelt, Sie schlecht Prioritäten setzen können, sich isolieren, unzuverlässig werden oder Feedback ignorieren, sollten Sie überprüfen, ob es sich um berufliche Selbstsabotage handelt. Zuletzt können Schwierigkeiten in der Kommunikation, passiv-aggressives Verhalten, voreilige oder häufige Jobwechsel sowie unangemessene berufliche Beziehungen, die der Karriere schaden könnten, für Selbstsabotage sprechen.

Berufliche Krisen, die durch Selbstsabotagemechanismen ausgelöst werden, können als Katalysator für persönliche Veränderung oder Transformation fungieren, indem sie Betroffene dazu zwingen, sich mit ihren inneren Konflikten auseinanderzusetzen.

Quiet Quitting oder Dienst nach Vorschrift

Je unglücklicher Sie im Job sind, desto weniger engagiert und leistungsfähig können Sie agieren. Nach und nach entsteht ein Zustand, in dem das Interesse an den Aufgaben und Menschen im Unternehmen sowie der Antrieb für das eigene Tun verloren gehen. Die Arbeitsleistung lässt nach, was das Feedback von außen schlechter werden lässt und die Motivation noch weiter senkt. So beginnt eine Abwärtsspirale des Befindens am Arbeitsplatz. Von »stillem Aufgeben« oder »innerer Kündigung« spricht man, wenn Sie sich emotional und mental von Ihrer Arbeit zurückziehen, ohne offiziell zu kündigen. Sie sind formal weiterhin bei dem Unternehmen angestellt, haben aber Motivation, Leidenschaft und Engagement für die Arbeit verloren und tun lediglich das Nötigste.

In meinen Beratungen erlebe ich viele Hochleistungsträger*innen in prestigereichen Positionen sowie Unternehmer*innen, die sich selbst nicht mehr wiedererkennen. Vor dem Hintergrund ihrer Erfolgsgeschichte hätten sie – so berichten sie es mir durch die Bank weg – nie gedacht, dass sie im Job jemals so viel Lethargie und Gleichgültigkeit empfinden würden. »Die Luft ist raus«, »Das Feuer ist erloschen« oder »Der Funke springt einfach nicht mehr über« sind Aussagen, die ich von ihnen höre.

Wenn nicht Burn-out der Grund ist, kann der uninspirierte Dienst nach Vorschrift bei High Performern ein Zeichen dafür sein, dass »der Funke« nie ein inhaltlicher war. Statt intrinsisch motiviert zu sein, waren sie während ihrer gesamten Laufbahn nur durch den Aufstieg auf der Karriereleiter angetrieben.

Der jeweils nächste Schritt auf dem Weg zur Wunschposition hat diesen Menschen den Antrieb für ihre Arbeit gegeben und sie ehrgeizig die richtigen Entscheidungen treffen lassen. Erfolge und Beförderungen haben für den jeweils nächsten Kick gesorgt. Haben sie ihr Karriereziel erreicht, erlischt die Motivation und eine innere Leere macht sich breit. Besonders in Phasen der Kontaktbeschränkungen während der Coronakrise fiel diesen Klient*innen auf, wie wenig sie sich für den Inhalt ihres Jobs interessierten, wenn Anteile wie Reisetätigkeit, Kundenkontakt und Gespräche mit Kolleg*innen auf dem Flur wegfielen.

Wut, Angst, Scham: Unangenehme Gefühle bei der Arbeit

Viele meiner Kund*innen sind davon überzeugt, dass Emotionen wie Angst, Trauer, Scham, Neid, Wut, Ungeduld oder Einsamkeit im Job einfach dazugehören. Ich sehe das anders, zumindest wenn diese lang anhalten. Unangenehme Gefühle weisen darauf hin, dass etwas nicht zur eigenen Zufriedenheit verläuft. Ein Grund dafür können schwierige oder als unpassend empfundene Umstände sein, denen Sie unbedingt Aufmerksamkeit schenken sollten. Ebenso wenig, wie Sie eine wichtige Warnanzeige im Auto ignorieren würden, sollten Sie diese unangenehmen Gefühle einfach zur Seite schieben oder unterdrücken.

Sehen Sie diese stattdessen als Aufruf, etwas zu verändern. Anhaltende Angst kann beispielsweise anzeigen, dass Ihr Inneres Ihre berufliche Situation als bedrohlich einschätzt, weil Sie sich von Ihren Aufgaben inhaltlich überfordert fühlen, Sie Ihren Kolleg*innen nicht trauen oder Ihnen die Kontrolle über Ihre Arbeitsbelastung verloren geht. Angst signalisiert Ihr Bedürfnis nach mehr Sicherheit. Ärger kann ein Indiz für den Wunsch nach gerechter Behandlung sein und zeigen, dass Ihre Grenzen nicht geachtet, Ihre Regeln des zwischenmenschlichen Verhaltens nicht eingehalten oder Ihre Wünsche nicht gehört werden. Langeweile kann Sie darauf aufmerksam machen, dass Ihnen Abwechslung, Anregung oder schlichtweg etwas Neues fehlt und Sie dringend nach Herausforderungen suchen sollten.

Warum es gravierende Folgen hat, wenn der Job nicht zur Persönlichkeit passt

Wer über lange Zeit das Gefühl hat, einen Teil von sich zurückhalten, verstecken oder abspalten zu müssen, weil er nicht zur Rolle oder zum Umfeld passt, erhält für einen wichtigen Teil seiner Persönlichkeit kein Feedback. Diese Person wird nicht für das gesehen, was sie im Kern auszeichnet. Und so geht ihr nach und nach ihre authentische Strahlkraft verloren. Dieser Mensch kann am Arbeitsplatz nie richtig präsent sein, weil ein entscheidender Teil der eigenen Persönlichkeit im Dunkeln bleibt. Wer sich selbst über einen längeren Zeitraum keinen natürlichen Ausdruck verleihen kann, wird einsam und traurig. Nach und nach entsteht ein Gefühl von Entfremdung von sich selbst.

Die Folgen sind verheerend: Positives Feedback bleibt aus, der überkompensatorische Aufwand führt zu Erschöpfung, Beziehungskonflikte lassen nicht lange auf sich warten, psychische Auffälligkeiten und physische Beschwerden beeinträchtigen die Leistungsfähigkeit, erhöhen die Zahl der Fehltage und mindern die Motivation. All das kann in der Folge zu Selbstwertschwächung, Antriebslosigkeit, Unsicherheit und Ängsten führen. Eine Person, die im Job anhaltend Dinge tun muss, die der eigenen Persönlichkeit nicht entsprechen, können Sie mit einer Pflanze vergleichen, die am falschen Ort steht. Irgendwann geht sie ein.

Das »Ja, aber ...« der beruflichen Unzufriedenheit

Wir wollen alle erfüllt sein im Job. Das steht außer Frage. Ebenso, dass die negativen Folgen beruflichen Unbehagens offenkundig und gravierend sind. Warum nehmen viele die Unzufriedenheit dann so lange in Kauf, ohne etwas dagegen zu unternehmen? Als Antwort auf diese Frage höre ich in meinen Beratungen »Ja, aber …« in den unterschiedlichsten Facetten. Es ist stets der Versuch einer Erklärung, warum äußere oder innere Hinderer eine berufliche Veränderung unmöglich machen. Die Argumente sind auf zwei Hauptursachen zurückzuführen: zum einen auf die Macht der Gewohnheit und zum anderen auf verschiedenste Ängste.

Veränderung ist schwer, weil wir neben der Lust auf Neues auch das Gegenbedürfnis nach Sicherheit und Stabilität in uns tragen. Routinen und Vorhersehbarkeit wirken beruhigend, wir können einschätzen, was auf uns zukommt und welche Konsequenzen etwas haben wird. Der Mensch neigt selbst dann dazu, das Bekannte dem Unbekannten vorzuziehen, wenn es unangenehm ist. In dem Sinne sind wir Gewohnheitstiere. Es entlastet unser Gehirn und spart Energie, wenn sich bestimmte Verhaltensweisen und Routinen auf immer gleiche oder zumindest ähnliche Weise wiederholen.

Zu tun, was wir kennen, verleiht uns das Gefühl, unser Leben unter Kontrolle zu haben.

Das bedeutet, dass Ihr derzeitiger Job – ungeachtet der Tatsache, wie unzufrieden er Sie macht – zumindest einen großen Vorteil hat, nämlich dass Sie ihn kennen. Aus diesem Hamsterrad des suboptimalen, aber zumindest bekannten Automatismus auszusteigen, um sich dem eigenen Job Crafting zu widmen, kostet Zeit und eine Menge Kraft, die viele noch nicht bereit sind aufzubringen.

Das »Ja, aber …« der Angst hat viele Gesichter, eines ist die unsichere Zukunft. Die Menschen, die unter dieser Angst leiden, fragen sich, ob in Zukunft wirklich alles besser wird. Ob es sich überhaupt lohnt, den ganzen Aufwand zu betreiben, oder ob die Zufriedenheit im neu gestalteten Job nicht am Ende genau die gleiche wäre. Auf diese Fragen finden sie aus zwei Gründen keine Antwort. Erstens haben sie die Erfahrung des Unbekannten noch nicht gemacht und können sie deshalb gar nicht bewerten. Zweitens führen »Ob«-Fragen immer in die gedankliche Sackgasse, denn auf diese Frage gibt es nur zwei Antworten, nämlich »Ja« oder »Nein«.

Da unser Gehirn aber kein Orakel ist, kann es nicht eigenständig erörtern, »ob« etwas gut werden wird oder nicht. Klare Denkaufträge helfen hingegen, kreativ nach Lösungen zu suchen, beispielsweise durch eine »Wie«-Frage: »Wie könnte ich in Zukunft zufriedener sein?« Aus der Sorge, dass die berufliche Situation sich ohnehin nicht gravierend verändern würde, finden sich diese Zukunftsskeptiker*innen schließlich mit dem Status quo ab. »Lieber den Spatz in der Hand als die Taube auf dem Dach!«, sagte mir ein Klient einmal. Und mit dieser Vorstellung ist er nicht allein.

Viele Unzufriedene fürchten, für eine bessere Job-Person-Passung ihre berufliche Situation radikal verändern zu müssen, und schrecken deshalb davor zurück, überhaupt den ersten Schritt zu machen. Das liegt an unserem Bedürfnis nach Ich-Kohärenz: Wir wollen das Gefühl der Kontinuität und Stabilität unserer Persönlichkeit und Identität erfahren, indem wir unsere Erfahrungen, Gedanken und Gefühle in einen sinnvollen Zusammenhang bringen. Viele Menschen haben Angst, all ihre bisherigen Entscheidungen in Zweifel ziehen zu müssen und in eine Identitätskrise zu geraten. Sie fürchten, alles Bisherige aufgeben und noch einmal ganz von vorne anfangen zu müssen.

Besonders wenn sie in ihrer Position bereits etabliert sind oder eine hohe Position innehaben, scheuen viele die Vorstellung, wieder Neuling oder Lernende zu sein. Das ist eine überzogene Abwehrreaktion, um das Nicht-Beginnen zu rechtfertigen. Letztendlich profitieren sie doch immer von allen Erfahrungen, die sie in ihrer Laufbahn bisher gemacht haben, vom Humankapital – dem angesammelten Wissen und allen Fähigkeiten und Erlebnissen in einer Organisation – und von allen sozialen Beziehungen.

Ein großes »Ja, aber …« ist die weitverbreitete Sorge, dass der Grund allen Übels nicht im Job, sondern in der Person selbst liegt. Viele Kund*innen plagen sich mit der Frage, ob sie selbst vielleicht das Problem sind und deshalb in keinem Job glücklicher werden können als im bestehenden. Unabhängig von der individuellen Antwort auf diese Frage möchte ich folgende Erfahrung aus meinen Beratungen voranstellen:

Ich habe noch nie jemanden erlebt, für den sich eine intensive Beschäftigung mit der eigenen beruflichen Erfüllung nicht gelohnt hätte.

Aus diesem Grund werte ich derartige Fragen weniger inhaltlich, sondern mehr als ein Zeichen, dass die Person den Kontakt zu sich selbst verloren hat.

Eng damit verbunden ist die Angst zu scheitern: »Aber was ist, wenn es schiefgeht?« Besonders Menschen mit perfektionistischen Tendenzen neigen aus zu hohem (Selbst-)Anspruch dazu, zu wenig gegen ihre berufliche Unzufriedenheit zu tun. Sie erlauben sich keine Fehler, weil sie sie nicht als Möglichkeit zum Lernen, sondern als Beweise für die eigene Unzulänglichkeit betrachten. Dementsprechend skeptisch stehen sie beruflichen Veränderungsprozessen gegenüber, die ein gewisses Maß an Risikobereitschaft verlangen.

Um etwas Neues anzufangen, etwas Altes loszulassen oder den eigenen Lebensweg aus einer neuen Perspektive zu betrachten, braucht es Mut.

Private Leidenschaften und Interessen zum Beruf zu machen oder in die Arbeit einzubringen, scheint eine ideale Möglichkeit für eine bessere Job-Person-Passung zu sein. Dennoch geben viele Klient*innen in ihrem »Ja, aber ...« an, genau das nicht zu wollen. Sie haben Angst, die Passion und Freude, die sie beim Gärtnern, Zeichnen, Beraten oder Reparieren empfinden, zu verlieren, wenn aus dem Hobby ein Beruf wird und es plötzlich um Erfolg und Geldverdienen geht. Sie stellen sich vor, wie schwierig es sein wird, Arbeit und Freizeit zu trennen, und befürchten ein Burn-out. Außerdem scheuen sie den Zeitaufwand und die Kosten des Professionalisierungsprozesses.

Einer der größten Verhinderer beruflicher Veränderungsprozesse ist die Sorge vor dem Urteil anderer. Als soziale Wesen steckt uns die Angst vor Ausgrenzung in den Genen – und mit ihr häufig ein übermäßiges Streben danach, gemocht zu werden und nicht anzuecken. Lieber nicht aus der Reihe tanzen, sondern nur das tun, was allgemein anerkannt ist bzw. als »normal« gilt.

Gerade People-Pleaser und erfolgreiche Menschen haben mit der Angst vor Ausgrenzung zu kämpfen, wenn sie auf eine Karriere zurückblicken, die darauf fußt, getan zu haben, was von ihnen erwartet wurde.

Sie haben Entscheidungen getroffen, die von wichtigen Bezugspersonen als gut bewertet wurden. In diesem Sinne waren sie in ihrer Laufbahn eher reaktiv als aktiv und fürchten nun Ablehnung, wenn sie ihre eigene innere Stimme zur relevanten Entscheidungsinstanz machen. Wenn ihre Identität zu großen Teilen darauf aufgebaut ist, in den Augen der anderen einen guten Eindruck zu machen, kommt es ihnen zu anstrengend vor, den gegenwärtigen Zustand »unnötig« durcheinanderzubringen und dadurch Aufsehen zu erregen.

Die Erfahrung zeigt, dass all diese »Ja, aber …«-Argumente leicht zu entkräften sind. Job Crafting bedeutet nicht, dass Sie Ihre gesamte berufliche Rolle ändern müssen. Es handelt sich um ein stufenweises Vorgehen. Wenn eine bestimmte Veränderung nicht die erwartete Erfüllung bringt, können Sie das Job Crafting anpassen und weitere Gestaltungsoptionen implementieren, um eine bessere Job-Person-Passung zu erreichen. Zugleich habe ich Verständnis dafür, dass es mühsam ist, eigenverantwortlich für berufliche Zufriedenheit zu sorgen. Wir leben in einer Welt, in der vieles nur einen Klick entfernt ist und wir Resultate schnell erreichen können. Wir sind daran gewöhnt, unmittelbare Befriedigung zu erfahren, und haben zunehmend Mühe, geduldig und nachhaltig an Prozessen zu arbeiten, die Disziplin und Impulskontrolle verlangen. Genau das ist allerdings nötig, wenn es um persönliche Entwicklung und berufliche Erfüllung geht. Erinnern Sie sich immer daran, dass die Schritte raus aus dem »Ja, aber …« von dem geleitet sind, was Sie »wollen«, nicht von dem, was Sie denken, dass Sie es »sollten«.

Die Verlockung des Neuanfangs

Wenn wir unzufrieden sind, neigen wir dazu, die Aufmerksamkeit auf das Negative zu richten und unsere positiven Gestaltungsmöglichkeiten zu gering einzuschätzen. Deshalb scheint die Kündigung des bestehenden Jobverhältnisses oft als bester Ausweg aus der Misere. Neben dem Wunsch, das unliebsam gewordene Arbeitsverhältnis zu verlassen und sich von all den damit verbundenen Schmerzen zu befreien (Vonweg-Motivation), ist die Hoffnung auf Aufschwung in einem neuen Umfeld (Hin-zu-Motivation) ein starker Antrieb. Im nächsten Job soll alles besser oder zumindest anders werden. Dahinter liegt die hedonistische Hoffnung, irgendwo im Außen eine ideale Konstruktion zu finden, die zu innerem Glücksgefühl führt, ohne dass man sich zu sehr dafür anstrengen müsste.

Die Praxis zeigt allerdings, dass ein neuer Job nicht automatisch zu mehr Zufriedenheit führt. Häufige Jobwechsel bringen langfristig nicht die ersehnte Veränderung. Im Gegenteil: In meiner Beratung erlebe ich Menschen, deren Lebensläufe aufgrund wiederkehrender Unzufriedenheit viele und voreilige Wechsel aufweisen. Obgleich sie häufig von anfänglicher Euphorie im jeweils neuen Unternehmen sprechen, geht es dann schnell um Ernüchterung in der Probezeit, um professionelle oder zwischenmenschliche Enttäuschung im ersten Jahr und um Demotivation und Ärger, die sie dazu verleiten, nach einer neuen Stelle zu suchen und wieder den Job zu wechseln.

Wiederholte Jobwechsel ohne klare berufliche Perspektive können der eigenen Karriereentwicklung schaden. Denn mangelnde Kontinuität im Lebenslauf kann den Eindruck erwecken, dass ein Mensch nicht in der Lage ist, sich auf eine individuell passende Karriere und angemessene Ziele zu konzentrieren, oder dass er Schwierigkeiten hat, mit Kolleg*innen oder Vorgesetzten auszukommen und sich an neue Arbeitsumgebungen anzupassen. Zudem verhindern unnötig viele Wechsel, dass man innerlich zur Ruhe und wirklich ankommen kann.

Echte Zufriedenheit ergibt sich – anders als oberflächliche Begeisterung – erst durch die tiefgehende Auseinandersetzung mit Themen oder Menschen, für die es Raum und Zeit braucht. Diese Chance nehmen sich Personen, die zu schnell fliehen. Ohne sich also fundierte Gedanken darüber gemacht zu haben, was in der vorherigen Rolle nicht stimmig war und welche Kriterien der neue Job stattdessen erfüllen sollte, bleibt die durchschnittliche Arbeitszufriedenheit bei häufigen Jobwechseln gleich. Unterm Strich ändert sich nichts.

Wenn sich die Umstände stetig erneuern, aber die Unzufriedenheit andauert, lohnt sich ein Blick nach innen, um dem Problem auf den Grund zu gehen. Nur so lässt sich aus dem Teufelskreis der Verlockung des Neuanfangs und des ersehnten Glücks im Außen aussteigen.

TEIL II

Anleitung zum Job Crafting: In fünf Schritten zu mehr Zufriedenheit am Arbeitsplatz

Schritt eins: Der Blick ins Hier und Jetzt – nehmen Sie eine Standortanalyse vor

Sie fühlten sich vom Titel dieses Buches angesprochen, was darauf schließen lässt, dass der Gedanke an Ihre Arbeit Unbehagen oder inneren Widerstand in Ihnen auslöst. Vermutlich geht es Ihnen wie meinen Kund*innen, die ihren Job unter die Lupe nehmen und verändern wollen, bevor sich ihr Unmut zu einer handfesten Lebenskrise verdichtet.

Warum so viele unzufriedene Menschen als Erstes ihre berufliche Situation verändern wollen, um sich wieder besser zu fühlen, hat mehrere Gründe. Das Gefühl von Kontrolle und aktiver Steuerungsmöglichkeit scheint im Beruf stärker ausgeprägt zu sein als in anderen Lebensbereichen wie Beziehungen, Familie oder Persönlichkeitsentwicklung, die wesentlich komplexer sind. Es scheint am einfachsten und damit naheliegendsten, sich dem Bereich zu widmen, der mit seinen klaren Aufgabenbeschreibungen, zeitlichen Regelungen und finanziellen Größen greifbarer wirkt.

Außerdem bestimmt der Job einen Großteil der Lebenszeit. Von beruflichen Veränderungen erhoffen sich viele eine entsprechend große Hebelwirkung für ihre Gesamtzufriedenheit. Darüber hinaus ist der Beruf für die meisten Menschen die Säule der finanziellen Stabilität. In Zeiten der Unsicherheit erliegen sie der Illusion, durch eine bessere Position oder ein höheres Einkommen ihr Sicherheitsgefühl und damit auch ihre Lebenszufriedenheit steigern zu können.

Der Beruf ist für viele außerdem die naheliegendste Möglichkeit, ihre Stärken und Talente auszudrücken. Die Aussicht, durch berufliche Veränderung das eigene Potenzial besser ausschöpfen zu können, verspricht mehr Zufriedenheit im Job. Wenn es um gesellschaftliche Wertschätzung, die Anerkennung durch Bezugspersonen oder persönliche Selbstverwirklichung geht, weisen viele der Arbeit eine entscheidende Rolle zu. Einen entsprechend großen Einfluss hat die berufliche Identität auf den eigenen Selbstwert. In Phasen, in denen wir unzufrieden und von Selbstzweifeln geplagt sind, versuchen wir, uns durch Optimierung der beruflichen Identität selbst aufzuwerten.

Ich erlebe allerdings auch viele Menschen, die sich blindlings in Veränderungen des Lebensbereichs »Job« stürzen, obwohl das unangenehme Gefühl auch oder sogar hauptsächlich aus Problemen in anderen Lebensbereichen resultiert.

Weil das Problem nur da gelöst werden kann, wo es entsteht, beginnt Ihr Job-Crafting-Prozess mit einer ausführlichen Standortanalyse. Sie reflektieren die Gründe Ihrer Unzufriedenheit, um an der richtigen Stelle ansetzen zu können.

Sie leiten ab, um welche Lebensbereiche Sie sich mit Off-Job-Crafting-Maßnahmen – zumindest begleitend zu Ihrem beruflichen Anliegen – kümmern sollten, um Ihre Tanks wieder aufzuladen. Über einen Test, den ich für dieses Buch entwickelt habe, können Sie ermitteln, wie dramatisch der Grad Ihrer Unzufriedenheit im Beruf ist. Doch das generelle Wissen um diese Unzufriedenheit im Job reicht nicht aus. Für die Ableitung konkreter Job-Crafting-Maßnahmen müssen Sie die spezifischen Komponenten Ihres Jobs kennen, die tatsächlich für Ihre Frustration verantwortlich sind.

Liegt das Problem wirklich im Job?

Nicht immer ist der Job die Ursache für Frustration und Krisenstimmung. Wer aus dem Gefühl »Hier kann ich wenigstens etwas ändern« heraus krampfhaft versucht, ihn zu optimieren – und dabei die eigentliche Wurzel des Problems ignoriert –, wird auch mit sehr viel Aufwand seine allgemeine Lebenszufriedenheit nicht steigern. Es ist wie bei einer Reise: Wenn Sie nach Hamburg fahren möchten, macht es für Ihre Reisepläne einen großen Unterschied, ob Ihr Startpunkt in

München oder Berlin liegt. So ähnlich ist es mit Ihrem persönlichen Job-Crafting-Prozess. Sie sollten wissen, von wo Sie starten. Verschaffen Sie sich also zunächst Klarheit über Ihre derzeitige Lebenssituation und erforschen Sie Ihr Problem, indem Sie den Ursachen für Ihre diffuse Unzufriedenheit auf den Grund gehen. Ein umfassender Blick auf unterschiedliche Lebensbereiche wird dazu beitragen, mehr Zufriedenheit und Erfüllung zu erreichen – nicht nur im Job.

Neue Phase, neue Bedürfnisse: Wenn sich Prioritäten verschieben

»Wendepunkte« oder »Schwellensituationen« nennt man jene Lebensphasen, die von Wandel, Übergängen oder Umbrüchen geprägt sind. Sie sind fester Bestandteil jeder Biografie und verlangen eine – nicht selten tiefgreifende – innere Neuaufstellung oder eine Neugestaltung der Lebensumstände, manchmal auch beides. Sie können einerseits von Faktoren bestimmt sein, die den eigenen Veränderungswunsch im positiven Sinne beflügeln. Das sind zum Beispiel ersehnte Ereignisse wie der Berufseinstieg, die Geburt eines Kindes, der Umzug in eine neue Stadt, Bildungsabschlüsse, inspirierende Begegnungen, das Überwinden von Herausforderungen, die Hochzeit, Karriereerfolge oder das Erreichen anderer persönlicher Ziele. Diese Ereignisse motivieren uns, wir haben Lust, das Leben nach den eigenen Vorstellungen zu gestalten. Die Entscheidung, uns im Leben neu zu orientieren, werden wir in solchen Situationen freiwillig und gerne treffen. Gestaltet man diese Lebensübergänge aktiv und achtet auf seine Ressourcen, sorgen sie für große Entwicklungssprünge in der eigenen Lebensgeschichte.

Andererseits können unangenehme oder herausfordernde Schwellensituationen die persönliche Veränderung notwendig machen. Allgemeine Krisen wie die Pandemie, Kriege oder der Klimawandel lassen uns das bisherige Leben infrage stellen. »Wie will ich eigentlich wirklich leben?« »Was brauche ich, um glücklich zu sein?« »Was kann ich verändern, um diese herausfordernden Zeiten zu meistern?« Fragen wie diese ziehen häufig den Wunsch nach anderen Arbeitsbedingungen nach sich. Auch individuelle Ereignisse wie ein Jobverlust, berufliche Rückschläge, finanzielle Schwierigkeiten oder anhaltende Konflikte dienen – zunächst ungewollt – als Katalysatoren für persönliche Entwicklung. Dasselbe gilt für Erfahrungen mit Trennung, Krankheit, Trauer, chronischem Stress oder Burn-out.

Meist sind diese Lebensstadien von Unsicherheit oder Ängsten geprägt, wir hinterfragen bisherige Entscheidungen und unser Wertesystem gerät ins Wanken. Gleichzeitig bieten solche Schwellensituationen uns eine Chance, wenn wir sie als richtungsweisende Möglichkeiten für Wachstum und Reife betrachten. Vergleichen Sie es mit der Häutung eines Krebses: Wenn das Exoskelett zu klein wird, muss es abgeworfen werden, damit sich – abgestimmt auf den Wachstumsprozess – ein neuer passgenauer Schutzpanzer bilden kann. Kurz nachdem er die alte Schale abgeworfen hat (und bevor die neue Haut widerstandsfähig genug ist), ist der Krebs besonders weich und anfällig für Angriffe. So ähnlich geht es uns:

Wachstum und Veränderungen finden dort statt, wo wir verletzlich sind, weil das Alte nicht mehr passt und das Neue noch keine richtige Form angenommen hat.

Positive wie negative Lebensübergänge haben automatisch Auswirkungen auf unsere gesamte Biografie. Es ist ganz natürlich, in solchen Phasen auch die berufliche Erfüllung in den Wunsch nach Veränderung zu integrieren.

Externe und interne Stressoren

Wenn das eigene Leben nicht mehr zu der Person passt, die wir geworden sind – oder wenn es vielleicht noch nie so richtig gepasst hat, weil wir an unseren Bedürfnissen und Wünschen vorbeigelebt haben –, reichen die individuellen Bewältigungsressourcen irgendwann nicht mehr aus, um den Stressoren des Lebens adäquat begegnen zu können. Der Reifen verliert Luft, bis Sie auf der Felge fahren.

Unter »Stressoren« versteht man alle inneren und äußeren Reize, Ereignisse oder Herausforderungen, die individuelle Stressreaktionen hervorrufen. Es gibt externe Stressoren und interne Stressoren. Externe Stressoren können beispielsweise Arbeitsüberlastung, Familienkonflikte und Beziehungsprobleme sein, aber auch finanzielle oder gesundheitliche Schwierigkeiten, Umweltbelastungen, Zeitdruck, größere Lebensveränderungen oder genereller Informationsüberfluss. Zu den internen Stressoren zählen zum Beispiel unrealistische Erwartungen, negative Selbstgespräche, Ängste, Perfektionismus, unzureichende persönliche Entwicklung, Unzufriedenheit mit dem Körper, geringes Selbstwertgefühl oder mangelnde Selbstfürsorge.

Welche Stressreaktionen ein Mensch entwickelt, ist individuell unterschiedlich. Manche neigen zu körperlichen Reaktionen wie Muskelverspannungen, erhöhtem Blutdruck oder Magen-Darm-Beschwerden. Bei anderen wirkt sich der Stress eher emotional aus und führt zu Angstgefühlen, Nervosität, Reizbarkeit oder Traurigkeit. Auch kognitive Auffälligkeiten wie Gedächtnisprobleme, Konzentrationsschwierigkeiten oder eingeschränktes Urteilsvermögen können auf zu viel Stress zurückzuführen sein. Verhaltensänderungen wie sozialer Rückzug, Suchtverhalten oder gesteigerte Aggression können ein Hinweis darauf sein, dass Ihr Leben Sie im Moment überfordert.

Indem Sie Ihre Stressreaktionen genau unter die Lupe nehmen und verantwortliche Stressoren identifizieren, finden Sie heraus, ob Ihre Niedergeschlagenheit tatsächlich aus dem Beruf oder doch aus einem anderen Lebensbereich kommt.

So ging es einem UX-Designer, der unter Schlafstörungen, Kopfschmerzen und Konzentrationsschwierigkeiten litt und zunächst dachte, dass der berufliche Druck dafür verantwortlich sei. Nach einer sorgfältigen Analyse seiner Lebenssituation wurde ihm bewusst, dass die Hauptstressoren an ganz anderer Stelle lagen: in Eheproblemen und der Sorge um seine kranke Mutter. Nachdem die Ursache gefunden war, begann er gemeinsam mit seiner Frau eine Paartherapie und unterstützte seine Mutter bei der Suche nach einer geeigneten Pflegeeinrichtung. Nach und nach ließen seine Beschwerden nach, er konnte sich seiner Arbeit wieder gemäß seinem Anspruch widmen und empfand dabei Freude.

Einen internen Stressor möchte ich an dieser Stelle besonders hervorheben – das mangelnde Selbstwertgefühl. Denn wenn Sie sich selbst nicht mögen, wird auch der Versuch des Job Crafting Ihr Zufriedenheitsempfinden nicht entscheidend verändern. Unser Selbstwertgefühl kann zwar in verschiedenen Lebensbereichen und Rollen unterschiedlich ausgeprägt sein – so kann sich eine Führungskraft in ihrer beruflichen Funktion stark und wertvoll fühlen und in ihrer Rolle als Mutter große Selbstzweifel haben. Tendenziell wirkt sich ein geringes

Selbstwertempfinden in einem Lebensbereich aber auch auf die Selbstwahrnehmung in anderen Bereichen aus. Die Folgen sind gravierend. Neben geringerer Lebenszufriedenheit haben Personen mit einem niedrigen Selbstwertgefühl Schwierigkeiten, ihre beruflichen Stärken und Erfolge anzuerkennen und sich klar zu positionieren. Das äußert sich zum Beispiel darin, dass sie Chancen nicht ergreifen, weil sie sich nicht zutrauen, damit verbundene Herausforderungen zu meistern, oder dass sie keine eigenen Ideen einbringen, weil sie Angst vor Ablehnung und Kritik haben. Sie neigen dazu, sich zu überlasten, weil sie innerlich immer das Gefühl haben, »Es reicht noch nicht«; und diese Haltung erhöht das Risiko von Stress und Burn-out.

Wer sich selbst gering schätzt, neigt zu pessimistischer Weltsicht und selbstverletzenden inneren Dialogen. Weil die Güte der Beziehung zu sich selbst die Qualität der Beziehung zu anderen bestimmt, finden sich Menschen mit einem niedrigen Selbstwertgefühl häufig in problematischen Arbeitsbeziehungen wieder, in denen sie sich unwohl und unsicher fühlen. Im Miteinander sind sie eventuell nicht authentisch, weil sie glauben, das genüge nicht. Menschen mit einem geringen Selbstwertgefühl nehmen sich selbst nicht wichtig genug, um angemessen für ihre eigenen Bedürfnisse einzustehen, und haben deshalb Schwierigkeiten, Entscheidungen zu treffen und ihre Meinung selbstbewusst zu vertreten. Beides ist jedoch eine wichtige Voraussetzung für erfolgreiches Job Crafting.

Wenn Sie Ihre Unzufriedenheit auf ein niedriges Selbstwertgefühl zurückführen, lassen Sie sich als Vorbereitung auf Ihren Job-Crafting-Prozess durch eine Coachin oder einen Therapeuten begleiten. Ihre Lebenszufriedenheit und der Erfolg Ihres Job Crafting sind maßgeblich von dem Wert abhängig, den Sie sich als Person geben.

Analysieren Sie Ihre derzeitige Lebenssituation

Da Lebensbereiche interdependent sind – sie hängen voneinander ab und beeinflussen sich gegenseitig –, ist es für die Steigerung der Jobzufriedenheit empfehlenswert, die berufliche Veränderung durch kleine Modifikationen in anderen Lebensbereichen zu unterstützen. Jobplanung ist immer auch Lebensplanung. Vergegenwärtigen Sie sich dafür, welche Lebensbereiche Ihnen in Ihrer derzeitigen Lebenssituation besonders wichtig sind. Das können beispielsweise einige der folgenden sein: Liebe und Partnerschaft, Freundschaften, Familie, Geld und Finanzen, Beruf, räumliche Umgebung und Wohnung, Persönlichkeitsentwicklung und Selbstfürsorge, Sinn und Spiritualität, Kreativität, Sport, Ernährung und Gesundheit, Bewusstsein für Soziales und Nachhaltigkeit, Wissen und Lernen, Freizeit, Hobbys, Urlaub, Achtsamkeit und Muße.

Denken Sie darüber nach, wie zufrieden und erfüllt Sie sich in den Lebensbereichen fühlen, die Sie im Moment für besonders relevant halten – denen Sie in Ihrer derzeitigen Lebensphase also viel Aufmerksamkeit widmen wollen. Dann vergleichen Sie diesen Wert mit dem Maß an Zufriedenheit und Erfüllung, das Sie in dem jeweiligen Lebensbereich gerne hätten. Besonders interessant für die Analyse Ihrer Lebenssituation sind die Bereiche, in denen die derzeitige Zufriedenheit sehr viel geringer ist als die ersehnte. Zum einen dient die Gegenüberstellung von Ist- und Sollwerten als Gradmesser dafür, wie sehr Sie im Moment auf Ihre Bedürfnisse achten. Zum anderen sind hohe Diskrepanzen ein Hinweis, den Sie ernst nehmen sollten. Sie bieten Ihnen geleichzeitig die Chance, Prioritäten neu zu setzen und Ziele neu zu definieren, damit Sie wieder mehr Kraft in sich spüren und eine höhere Zufriedenheit erreichen. Sie erlangen Klarheit darüber, wo Sie sich Veränderung wünschen und wo Sie – auch mit Off-Job-Crafting-Maßnahmen – konkret ansetzen können, um wieder glücklicher zu leben.

Nehmen wir an, Ihnen ist der berufliche Bereich sehr wichtig. Sie erfahren derzeit im Job wenig Erfüllung, würden aber gerne eine hohe Zufriedenheit in diesem Lebensbereich erreichen. Dann ist Ihr Job tatsächlich eine Quelle Ihrer Unzufriedenheit. Nehmen wir zusätzlich an, dass Sie die Bereiche Freizeit und Gesundheit ähnlich defizitär bewerten. In dem Fall sollten Sie zunächst Ihre Freizeit anders gestalten und sich um Ihre Gesundheit kümmern, damit Sie genügend Energie für Ihr Job Crafting haben und Ihr allgemeines Gefühl von Zufriedenheit und Erfüllung steigern, was in diesem Fall der Job allein nicht leisten kann.

Ich erinnere mich an eine Klientin, Ende 30, die eine sehr gut bezahlte Position als Vice-President in einem der größten europäischen Unternehmen innehatte und nach ihren Angaben in ihrer Traumstadt lebte. Sie kam mit der Aussage »Das kann doch noch nicht alles gewesen sein« in die Beratung und wollte von mir wissen, wie sie ihre Karriere weiterentwickeln konnte, welche Position sie als nächste anstreben sollte oder ob sie nicht doch noch einmal den Bereich oder die Branche wechseln sollte.

In ihrer Standortanalyse wurde deutlich, dass nicht der Job die größte Diskrepanz zwischen Ist- und Sollwerten von Erfüllung aufwies – sie gab in diesem Bereich sogar hohe Zufriedenheitswerte an –, sondern dass die Bereiche »Partnerschaft« und »eigene Familie« den größten Kummer bereiteten. Da ihr Job lange die Hauptquelle ihrer Lebenszufriedenheit war und sie einen Großteil ihres Selbstwertes auf ihrem professionellen Erfolg aufbaute, brachte ihr allgemeines Unbehagen sie dazu, erneut über eine berufliche Entwicklung nachzudenken. Die eigentlichen Ursachen der Unzufriedenheit ließ sie dabei – ohne es zu merken – unbeachtet, weil sie sich dort eher unsicher, sehnsüchtig und klein fühlte. Ihre Off-Job-Crafting-Maßnahme bestand dann darin, sich auf die Partnersuche zu fokussieren.

Wie kommt es zu diesen weitverbreiteten Mechanismen? Verantwortlich dafür ist im Wesentlichen das Unwissen über die eigene Motivstruktur. Einerseits werden unsere Handlungen von Motiven beeinflusst, die uns bewusst sind und auf die wir aktiv Einfluss nehmen können, wie zum Beispiel Karriereziele, finanzielle Sicherheit, ein ausgeprägtes Leistungsdenken oder der Wunsch nach Bewunderung und Status. Andererseits lenken uns unbewusste Motive wie versteckte Wünsche, die Sehnsucht nach Anerkennung oder das Bedürfnis nach Kontrolle, ohne dass wir uns im Klaren darüber sind, welch starken Einfluss sie auf unser Verhalten ausüben.

Ich erlebe häufig Klient*innen, deren Unzufriedenheit nicht auf den Job zurückzuführen ist, sondern darauf, dass ihre unbewussten Motive nicht erfüllt sind – beispielsweise die Suche nach Sinn, ein Kinderwunsch, der Traum von einer erfüllten Partnerschaft, Abenteuerlust, oder das Verlangen nach Unabhängigkeit. »Unbewusst« bedeutet, dass sie diese Wünsche trotz ihrer Wichtigkeit nicht kennen und es ihnen deswegen unglaublich schwerfällt, sie als Wurzel der Unzufriedenheit auszumachen.

Zur großen Verwunderung seines Umfeldes hängte ein Investmentbanker Ende 30 nach erfolglosen Job-Crafting-Bemühungen kurz nach der Geburt seines ersten Sohnes seine hoch dotierte Karriere an den Nagel, um einen Teilzeitjob in einem mittelständischen Unternehmen anzunehmen. Bei genauerer Betrachtung zeigte sich, welches unbewusste Motiv ihn in seiner Karriere geleitet und angetrieben hatte. Es ging im Grunde immer darum, sein ursprüngliches Bedürfnis zu stillen – die Anerkennung seiner Eltern zu erhalten. Kompensatorisch hatte er ein bewusstes Erfolgsmotiv entwickelt (prestigereiche Position, lange Arbeitszeiten und ein sehr hohes Gehalt), weil er wusste, dass es den Erwartungen der Familie entsprach.

Unbewusst erhoffte er sich auf diesem Weg die Anerkennung seines Vaters. Der Umstand, dass er nun selbst Vater wurde, brachte ihn mit seinem Ursprungsmotiv in Kontakt und er beschloss, mit mehr Zeit und Energie für seinen Sohn da sein zu wollen, als sein Vater es gewesen war. Einerseits, um ihm die Anerkennung zu geben, die er als Kind nicht bekommen hatte, und andererseits, um selbst Anerkennung außerhalb seiner beruflichen Rolle zu erlangen.

Dem Lebensbereich »Geld und Finanzen« möchte ich an dieser Stelle besondere Aufmerksamkeit schenken. Viele Klient*innen geben eine geringe Entlohnung als Grund für ihre Unzufriedenheit im Job an. Vorausgesetzt, sie können ihre Grundbedürfnisse mit ihrem Gehalt befriedigen, liegt die Ursache der Frustration aber oft auf einer anderen Ebene und würde mit mehr Geld nicht nachhaltig beseitigt werden.

Monetäre Unzufriedenheit kann symbolisch für ein anderes Mangelgefühl stehen. Wer zum Beispiel unter einem geringen Selbstwertgefühl leidet, häufig Kontrollverlust erlebt, Ängste und Sorgen hat oder sich abhängig, unsicher oder überfordert fühlt, hofft häufig, diesen Defizitgefühlen mit einem höheren Gehalt entgegenwirken zu können. In der Beratung beschreibe ich Geld gerne metaphorisch als Frachtschiff, das keinen Selbstzweck hat, sondern seinen Wert erst erhält, wenn es Waren und Materialien sicher und effizient von einem Ort zum nächsten befördert.

Geld hat – neben dem Ziel der Grundversorgung – den Zweck, bestimmte psychische Bedürfnisse zu erfüllen.

Wenn Sie herausfinden, welches »Gut« das Geld für Sie transportieren soll, ermöglicht Ihnen das eine wesentlich differenziertere Betrachtung Ihrer Unzufriedenheit, für die finanzieller Frust ein Stellvertreter sein kann. Hinterfragen Sie kritisch, welche Ihrer Wünsche ein höheres Gehalt erfüllen soll und wie Sie diese anders als über mehr Einkommen befriedigen können. Sehnen Sie sich vielleicht nach mehr Sicherheit? Oder mehr Freiheit? Erhoffen Sie sich durch mehr Geld auf dem Konto das Gefühl von Macht und Kontrolle? Oder verknüpfen Sie damit die Vorstellung von höherem gesellschaftlichem Ansehen? Glauben Sie, dass mehr Geld Ihr Selbstwertgefühl steigern würde, oder sehnen Sie sich nach Komfort, Unabhängigkeit und Beruhigung? Eventuell soll Ihnen das Geld mehr Zeit für Kreativität und Selbstverwirklichung geben oder Sie lang ersehnte Abenteuer erleben lassen. Es ist in jedem Fall hilfreich, unbewusste Wünsche an das Geld zu erkennen und zu adressieren, um eine gesündere Beziehung zu dem Wunsch nach finanziellem Wohlstand aufzubauen.

Natürlich gibt es auch den Fall, dass jemand schlichtweg mit seinem Gehalt unzufrieden ist und darin keinen Stellvertreter für unbewusste Wünsche sieht. Sie sind enttäuscht, weil Sie nicht das Gehalt bekommen, das Sie für angemessen halten? Dann überlegen Sie sich genau, warum das so ist, um in der nächsten Gehaltsverhandlung starke Argumente vorbringen zu können. Finanzielle Unzufriedenheit kann entstehen, wenn wir das Gefühl haben, dass unsere Arbeit vor dem Hintergrund unserer Erfahrung und Ausbildung unterbezahlt ist, nicht marktgerecht entlohnt wird oder wenn unser Gehalt im Vergleich zu dem von Kolleg*innen zu gering ausfällt. Manchmal maskiert der Geld-Frust auch die Enttäuschung über sich selbst. Ich habe einige Klient*innen, die wissen, was sie tun müssten, um mehr Geld zu verdienen, sie können ihre Ressourcen dafür aber nicht freisetzen, weil ihnen die Energie in anderen Lebensbereichen verloren geht.

> **Um Unzufriedenheit zu reduzieren, die nicht ausschließlich auf das Berufsleben, sondern auch auf einen oder mehrere andere Lebensbereiche zurückzuführen ist, sollten Sie Ihren Energiehaushalt über Off-Job-Crafting-Maßnahmen wieder auf ein höheres Niveau bringen.**

Vielleicht müssen Sie Ihre Freizeit anders gestalten, regelmäßiger Sport machen, um Ihre Gesundheit zu fördern, Entspannungstechniken zum Stressabbau erlernen, sich kreativ beschäftigen oder bedeutsame Beziehungen in Ihrem Leben mehr pflegen. Ebenso wie diese Akte der Selbstfürsorge kann auch eine bewusste Planung und Organisation Ihrer unterschiedlichen Aktivitäten helfen, ausreichend Raum und Zeit für Erholung zu reservieren, was sich letztlich wiederum positiv auf Ihren Job auswirkt.

Bevor Sie im nächsten Abschnitt herausfinden, was genau Ihre Frustration im Job verursacht, können Sie auf www.jobcrafting.de mit dem Test »Wie unzufrieden bin ich in meinem Job?« das Ausmaß Ihrer Unzufriedenheit ermitteln und erfahren, wie notwendig es ist, Ihre berufliche Situation zu verändern.

Ursachenforschung: Worin besteht die Unzufriedenheit im Job?

Je detaillierter Sie Ihr Problem beschreiben und je genauer Sie die Quellen Ihrer beruflichen Unzufriedenheit kennen, desto umfassender, effizienter und nachhaltiger wird die Problemlösung sein. Viele überspringen die detaillierte Ursachenforschung, weil sie die Unzufriedenheit nicht noch intensiver spüren wollen. Das ist nachvollziehbar, aber leider wenig hilfreich. Denn nur, wer sein konkretes Problem kennt, wird mit der Lösung ins Schwarze treffen. Von Ihrer Chirurgin würden Sie schließlich auch eine exakte Diagnose erwarten, bevor sie das Skalpell ansetzt.

Das »Was« des Jobs

Mit dem »Was« des Jobs ist das gemeint, was Sie tagtäglich tun. Es umfasst sowohl die spezifischen Tätigkeiten, die Sie ausführen, als auch die Erwartungen an Sie und die Ergebnisse, die Sie für den Unternehmenserfolg erzielen sollen. Indem Sie reflektieren, wie zufrieden Sie mit den Bestandteilen Ihres »Was« sind, bekommen Sie ein Gefühl dafür, ob und inwiefern Ihre berufliche Unzufriedenheit darin begründet ist. Sie könnte sich beispielsweise darin äußern, dass Sie sich unterfordert oder gelangweilt fühlen, weil die Aufgaben und Verantwortlichkeiten zu einfach oder zu monoton sind.

Auch das Gegenteil macht unzufrieden: Vielleicht entwickeln Sie Gefühle von Überforderung und Frust, weil die Arbeitsbelastung zu hoch ist, unrealistische Erwartungen an Sie gestellt werden oder Ihre Fähigkeiten und Ressourcen nicht ausreichen, um den Anforderungen gerecht zu werden. Aufgaben, denen Sie zwar gewachsen sind, die Sie aber inhaltlich nicht interessieren, mit deren Zielen Sie sich nicht identifizieren können oder die Ihren Werten widersprechen, ziehen ebenfalls unangenehme Emotionen nach sich.

Besonders wichtig ist hierbei die Frage, wie gerne Sie Ihre Kernaufgaben verrichten. Das sind jene, die qua Stellenbeschreibung am meisten Zeit und Energie in Anspruch nehmen, die für Ihre Rolle typischen und wichtigen Tätigkeiten. Für eine Lehrkraft sind das zum Beispiel Aufgaben wie: Schüler*innen unterrichten, Unterricht vorbereiten, Lehrpläne gestalten und Leistungen evaluieren. Die Kernaufgaben einer selbstständigen Architektin sehen eher so aus: Gebäude entwerfen, Baupläne erstellen und die Bauausführung überwachen. Ein Journalist verbringt seinen Berufsalltag hauptsächlich damit, zu recherchieren und Artikel, Berichte oder Interviews zu verfassen, während eine Kundenservice-Mitarbeiterin Kundenanfragen beantwortet, Ergebnisse des Austauschs protokolliert und Lösungen unterbreitet.

Entscheidend ist auch die Frage, wie zufrieden Sie mit Ihren Verantwortlichkeiten sind. Diese umfassen alle Verpflichtungen und Entscheidungsbefugnisse, die Sie im Rahmen Ihrer beruflichen Rolle haben. Die Lehrkraft stellt die effektive und ansprechende Lernerfahrung für Schüler*innen sicher, fördert ihre Kreativität und Denkfähigkeit und schafft eine sichere und unterstützende Lernatmosphäre. Die Architektin ist verantwortlich für die Gestaltung von Gebäuden und Räumen, die funktional und ästhetisch ansprechend sind, während sie gleichzeitig Umwelt- und Sicherheitsstandards einhalten und Kundenanforderungen erfüllen muss. Der Journalist verpflichtet sich, relevante, aktuelle und faktengenaue Informationen für die Öffentlichkeit aufzubereiten und ethische und professionelle Standards einzuhalten. Die Kundenservice-Mitarbeiterin sorgt für eine zufriedene Kundschaft, indem sie die Kundenbindung fördert und den Service verbessert.

Ein weiterer Bestandteil des »Was« des Jobs sind Ihre Ziele. Das sind die gewünschten kurzfristigen Ergebnisse oder langfristigen Erfolge, die Sie erreichen sollen, um Ihren Job gut zu machen. Kurzfristig soll die Lehrkraft den relevanten Stoff vermitteln und die Leistungen ihrer Schüler*innen in einem Fach verbessern; langfristig ist ihr Ziel, das kritische Denken und lebenslange Lernen der jungen Menschen zu fördern. Die Architektin definiert als ihr kurzfristiges Ziel, genau das Haus bauen zu lassen, das den Anforderungen der Auftraggebenden entspricht; langfristig möchte sie sich einen Namen als renommierte Architektin machen. Der Journalist hat tagtäglich das Ziel, exklusive Geschichten zu veröffentlichen, die hohe Leserzahlen generieren; langfristig möchte er in der Medienbranche eine präzisere und vorurteilsfreiere Berichterstattung etablieren. Die Kundenservice-Mitarbeiterin soll schnelle Lösungen entwickeln, um die Probleme der Kunden zeitnah zu beheben; langfristig verfolgt sie das Ziel, starke Kundenbeziehungen aufzubauen. Reflektieren Sie für sich selbst, welche Ziele in Ihrer Stelle vorgegeben sind, welche Sie sich selbst setzen, welche Milestones im Moment auf Ihrer To-do-Liste stehen und wie zufrieden Sie damit sind.

Darüber hinaus beinhaltet das »Was« des Jobs auch jene Kriterien, anhand derer die Qualität Ihrer Leistung festgestellt wird. Für Ihre Zufriedenheit sind zwei Dinge entscheidend: dass Sie wissen, woran Ihr beruflicher Erfolg gemessen wird, und dass Sie damit einverstanden sind. Für die Lehrkraft sind es die Noten der Schüler*innen und die Rückmeldung von Eltern, Schülerschaft und Kollegium, für die Architektin die Einhaltung von Sicherheitsstandards und Bauvorschriften sowie das Abschneiden bei Wettbewerben und für den Journalisten die Reichweite seiner Artikel, die Gründlichkeit der Recherche und die Relevanz der übermittelten Informationen. Die Kundenservice-Mitarbeiterin kann sich an der Lösungsquote bei Anfragen oder der erhobenen Kundenzufriedenheit messen.

Das »Wie« des Arbeitens

Das »Wie« des Arbeitens beschreibt die Art und Weise, in der Sie sich Ihrer Arbeit widmen und Ihre Aufgaben erledigen – Ihren Modus Operandi. Die Methoden und Verhaltensweisen, die Sie anwenden, um Ihren beruflichen Verantwortlichkeiten nachzukommen, zeigen sich zum Beispiel darin, wie Sie planen, organisieren, Ziele festlegen, Prioritäten setzen, Zeiten managen und mit anderen zusammenarbeiten. Mit der Zeit bildet sich das »Wie« des Jobs zu Ihren Arbeitsgewohnheiten aus, die darüber entscheiden, wie effektiv, effizient und zufrieden Sie im Job sind.

Unzufriedenheit mit Ihrer Arbeitsweise können Sie beispielsweis daran erkennen, dass Sie von Ihrem eigenen Multitasking gestresst sind, oder daran, dass Sie den Überblick verloren haben, weil Sie Ihre Aufgaben nicht gut organisieren. Vielleicht nervt es Sie, dass Sie häufig abgelenkt sind, oder Sie empfinden Druck, weil Sie alles erst kurz vor knapp erledigen. Eventuell fühlen Sie sich von der Anzahl an Projekten und Aufgaben überfordert, weil Sie nicht gut priorisieren oder planen können. Oder Sie sind unmotiviert, weil Sie Dinge zu kompliziert machen und nicht flexibel genug sind. Das Gefühl, dass bestimmte Arbeitsabläufe einfach zu lange dauern, Sie ineffizient vorgehen oder nicht gut delegieren können, löst Frustration aus. Vor allem dann, wenn die Work-Life-Balance durch zu hohe Arbeitszeiten aus dem Gleichgewicht geraten ist. Auch eine unvorteilhafte Arbeitsatmosphäre mit schlechten Lichtverhältnissen, störenden Geräuschen oder mangelnder Luftqualität kann dazu führen, dass Sie unzufrieden mit dem »Wie« des Arbeitens sind.

In diesem Zusammenhang können Sie sich fragen, wie Ihre Arbeitsabläufe definiert sind, wie gut Ihr Selbst-, Zeit- und Projektmanagement ist und ob die Einrichtung des Arbeitsplatzes Ihre Effizienz und Ihr Wohlbefinden unterstützt. Ihr Zeitmanagement umfasst die zeitliche Planung, Organisation, Priorisierung und Kontrolle Ihrer Aufgaben. Eng verwandt damit ist die Arbeitsorganisation, also die Strukturierung, Koordination und Planung Ihrer Arbeitsprozesse. Das Ziel besteht darin, Ihre Ressourcen und Arbeitskraft effizient einzusetzen, um möglichst wenig Energie zu verlieren, das Stresslevel gering zu halten, die Qualität Ihrer Arbeit hochzuhalten und eine angenehme Arbeitsumgebung zu schaffen. Das »Wie« des Arbeitens hat deshalb auch einen entscheidenden Einfluss auf Ihre Work-Life-Balance.

Im Job läuft nicht immer alles nach Plan, oft genug stellt er Sie unerwartet vor Probleme. Wie Sie eine Herausforderung definieren und analysieren, Lösungen entwickeln und bewerten und schließlich eine

Wahl für das weitere Vorgehen treffen, das bestimmt Ihre Art der Problemlösung und Entscheidungsfindung. Aspekte wie zum Beispiel analytisches Denken, Kreativität, Intuition, Anpassungsfähigkeit und Flexibilität oder Selbstreflexion, Risiko- und Lernbereitschaft spielen in diesem Zusammenhang eine Rolle. Je besser Ihr Umgang mit Herausforderungen ist, desto zufriedener sind Sie mit dieser Facette des »Wie« Ihres Jobs.

Selbstmotivation und Eigeninitiative beziehen sich auf die Fähigkeit, ohne Druck oder Aufforderung von außen aktiv zu werden. Um eigeninitiativ zu arbeiten, braucht es zum Beispiel Willenskraft, Disziplin, Zielstrebigkeit, Aktivität, die Fähigkeit zur Selbstbelohnung, Selbstständigkeit und die Bereitschaft, Verantwortung zu übernehmen. Wie es um diese Aspekte des »Wie« bei Ihnen steht, können Sie durch einige Fragen an sich selbst herausfinden: Ob und wie motivieren Sie sich selbst; wie selbstständig arbeiten Sie; wie sehr bleiben Sie am Ball, wenn es mal schwierig oder langwierig wird; ergreifen Sie die Initiative, um zusätzliche Aufgaben und Verantwortung zu übernehmen? Stellen Sie fest, dass Sie all das nicht tun, könnte hier die Quelle Ihrer Unzufriedenheit liegen.

Die Qualität der Arbeitsbeziehungen

Für unsere Jobzufriedenheit spielt es eine entscheidende Rolle, wie wir uns mit den Menschen fühlen, mit denen wir arbeiten. Je zufriedener wir auf die zwischenmenschliche Ebene unseres Jobs blicken, desto motivierter sind wir. Unter Arbeitsbeziehungen werden alle jobrelevanten Interaktionen mit anderen Personen und Parteien verstanden. Das können zum einen individuelle Verbindungen zu Kolleg*innen, Mitarbeitenden, Vorgesetzten, Lieferanten, Geschäftspartner*innen, Kund*innen oder Coaches sein. Zum anderen sind darunter auch Gruppenbeziehungen zu verstehen, zum Beispiel zu Teams oder anderen Ressorts wie der Personal- oder IT-Abteilung und dem Betriebsrat oder zu Gewerkschaften oder Arbeitgeber- und Arbeitnehmerverbänden.

Die Zufriedenheit mit Ihren Arbeitsbeziehungen lässt sich leicht messen. Beobachten Sie, welche Gedanken und Emotionen in Ihnen aufkommen, wenn Sie sich die Menschen vorstellen, mit denen Sie im

Job tagtäglich zu tun haben. Häufige Missverständnisse, Konflikte, mangelnde Transparenz und Ungleichbehandlung führen, genauso wie eine unbefriedigende Feedbackkultur, zu schlechter Stimmung. Auch unangemessener Wettbewerb, fehlende Anerkennung, Klatsch und Tratsch sowie bewertende oder abwertende Kommunikation binden unnötig viel Energie und lösen Stressreaktionen aus. Weichen die persönlichen Wertvorstellungen weit voneinander ab, erschwert das die Zusammenarbeit und zieht Uneinigkeit und Antipathie nach sich.

Wie sieht nun das positive Gegenbild aus? Eine offene, klare und transparente Kommunikation stellt auf fachlicher Ebene sicher, dass alle den gleichen Informationsstand haben sowie jede*r die Informationen erhält, die sie oder er braucht – und diesen Personen nicht etwa wichtige Notizen aus einem verpassten Meeting vorenthalten werden. Im Idealfall können Sie Ihre Gedanken und Gefühle in Bezug auf Ihre Arbeit offen und ehrlich ansprechen, ohne negative Konsequenzen befürchten zu müssen. Auf persönlicher Ebene sorgt ein gutes Konfliktmanagement dafür, dass Sie ehrliches Feedback erhalten, Ihre Bedenken äußern können, dass Missverständnisse geklärt und Konflikte zeitnah gelöst werden. Es wäre zum Beispiel besser, den Kollegen am Morgen höflich auf seine schlechte Stimmung hinzuweisen, anstatt sich dadurch selbst den ganzen Tag die Laune vermiesen zu lassen und langfristig Groll gegen ihn zu entwickeln.

Doch auch in gelingenden Geschäftsbeziehungen kann nicht immer volle Transparenz gewährleistet werden. Deshalb braucht es gegenseitiges Vertrauen. Der Glaube an die Kompetenz, Integrität, Ehrlichkeit und Verlässlichkeit des Gegenübers bilden dafür die Basis. In einem vertrauensvollen Arbeitsumfeld überwiegt das Gefühl, dass Sie sich gegenseitig wohlgesinnt sind. Sie unterstellen zunächst einmal eine gute Absicht. So werten Sie die Kritik der Kollegin an Ihrer Präsentation als Versuch, Sie bei Ihrer fachlichen Entwicklung zu unterstützen. Vertrauensbrüche durch üble Nachrede, Gerüchte, Schikane, Mobbing oder unethisches Verhalten werden in einem von Vertrauen geprägten Umfeld unterbunden, aktiv angesprochen und geklärt. Früherkennungsmechanismen sorgen dafür, dass potenzielle Konflikte gar nicht erst eskalieren. Es wird eine Kultur des fairen und konstruktiven Miteinanders gelebt.

Doch was macht einen respektvollen Umgang miteinander überhaupt aus? Woran erkennen wir, dass in einem Team oder Unternehmen ein positives Klima herrscht? Werden alle Menschen unabhängig von Hierarchie, Erfahrung oder persönlichen Unterschieden in ihrer Person, ihren Meinungen, Gefühlen, Werten und Rechten anerkannt, kann man von einem respektvollen Miteinander sprechen. Der Umgang im Job ist von Freundlichkeit und Höflichkeit geprägt. Respektvolles Verhalten erkennen Sie daran, dass Ihr Gegenüber Ihnen aktiv, aufmerksam, ohne Unterbrechung oder Vorurteile zuhört und Ihre Meinung ernst genommen wird. Wertschätzung bedeutet, dass individuelle Eigenschaften, Fähigkeiten, Erfolge, Leistungen, Beiträge oder Bemühungen anerkannt und sowohl im persönlichen Kontakt als auch nach außen positiv bewertet werden. Man spricht Ihnen Lob für Ihr Engagement aus und erwähnt Ihre Beiträge zum Gesamterfolg öffentlich.

Wenn Teams aktiv zusammenarbeiten, ihr Wissen miteinander teilen und sich gegenseitig unterstützen, sind das Merkmale für einen guten Zusammenhalt innerhalb des Unternehmens. Eine gemeinsame Gruppenidentität entwickelt sich, die Mitglieder identifizieren sich über ein »Wir-Gefühl« mit den Zielen des Teams und sind bereit, zum gemeinsamen Erfolg beizutragen. Es ist kein Problem, die Kolleg*innen jederzeit um Hilfe zu bitten. Selbst wenn Fehler passieren oder jemand Schwierigkeiten hat, lässt sich in einer Atmosphäre, die von Zusammenhalt und Verständnis geprägt ist, dafür eine Lösung finden.

Kooperation und Unterstützung erkennt man daran, dass Mitarbeitende den Wert von Teamwork anerkennen und sich freiwillig untereinander koordinieren – und so gemeinsame Ziele erreichen. Alle sind sich einig, dass die Zusammenarbeit Vorteile bietet, die durch singuläre Anstrengungen nicht erreicht werden können. Deshalb teilen die Mitarbeitenden gerne Wissen, Kompetenzen, Ressourcen und Verantwortlichkeiten. Wie kooperativ das eigene Arbeitsumfeld ist, erkennen Sie daran, wie unterstützt Sie sich von anderen fühlen, wenn Sie Hilfe oder fachlichen Rat benötigen.

Wo würden Sie lieber arbeiten: in einem Büro, in dem alle zum Lachen in den Keller gehen? Oder an einem Ort, an dem Späße erlaubt sind, wo Sie sich gemeinsam über die Komik des Alltags amüsieren dürfen und Sie sich selbst und die Arbeit gelegentlich mit Humor betrachten?

Wo allgemein akzeptiert wird, dass Humor und Produktivität Hand in Hand gehen können? Humor als Einflussfaktor auf die Beziehungsqualität wird häufig unterschätzt. Dabei ist er ein wichtiges soziales Bindemittel. Er kann Beziehungen stärken, Konflikte entschärfen, als Strategie zur Bewältigung schwieriger Situationen fungieren, Stress abbauen und das Wohlbefinden erhöhen. Wichtig: Der Humor sollte stets respektvoll und angenehm bleiben, ohne jemanden bloßzustellen.

Wenn Sie all diese Überlegungen nun auf Ihre eigenen beruflichen Beziehungen übertragen, bekommen Sie ein Gefühl dafür, ob und in welchem Maß Ihre individuellen Bedürfnisse nach guten Arbeitsbeziehungen gestillt werden. Es müssen nicht alle Faktoren, wohl aber diejenigen erfüllt sein, die Sie als Ihre persönlichen Schlüsselfaktoren für eine gute Beziehungsqualität definieren. Wenn das nicht der Fall ist, lässt sich ein großer Teil Ihrer Unzufriedenheit auf den zwischenmenschlichen Bereich Ihres Jobs zurückführen.

Doch das hängt natürlich nicht nur von den anderen ab. Jede*r Einzelne trägt ihren bzw. seinen Teil zur Beziehungsgestaltung bei – das Schlüsselwort lautet »Eigenverantwortung«. Ich erlebe viele Kund*innen, die sich über die Menschen beschweren, mit denen sie arbeiten: Die Chefin nervt, der Kollege ist anstrengend, die Mitarbeiterin schwierig und der Praktikant faul. Oft wird bei genauerer Betrachtung der eigene Anteil daran deutlich, dass die Beziehungen nicht zur Zufriedenheit verlaufen. Seien Sie also unbedingt so mutig und selbstreflektiert, darüber nachzudenken, wie Sie anderen Menschen im Job gegenübertreten und auf welche Art und Weise Sie die gemeinsame Interaktion beeinflussen. Wie kommunizieren Sie mit Ihren Mitmenschen? Bringen Sie regelmäßig persönliche Wertschätzung und fachliche Anerkennung zum Ausdruck? Wenn Sie ausschließlich mit Menschen zusammenarbeiten, die Ihnen unsympathisch sind, ist die Wahrscheinlichkeit groß, dass Sie sich am falschen Platz befinden.

> **Bevor Sie überlegen, welchen negativen Einfluss Ihre Mitmenschen auf die gemeinsame Beziehungsgestaltung ausüben, wagen Sie einen Blick in den Spiegel und machen Sie sich bewusst, dass die Straße der Beziehung in beide Richtungen befahrbar ist.**

Schlüsselfaktor Energie

Im Kontakt mit Klient*innen, die trotz guten Zeitmanagements mit dem Gefühl ständiger Überforderung kämpfen, wird deutlich: Energie ist eine entscheidende Ressource, wenn es um die Leistungsfähigkeit und das Wohlbefinden geht. Anders als Zeit kann sie erneuert werden. Wenn wir nicht gut mit unserer Energie haushalten, wirkt sich das auf die Work-Life-Balance aus. Wer mehr Energie investiert als erhält, gerät unweigerlich in Erschöpfung und wird unzufrieden. Obgleich das »Was« und das »Wie« des Arbeitens ebenso wie die Arbeitsbeziehungen unser Energielevel beeinflussen, gilt umgekehrt kausal, dass unsere energetische Erschöpfung die eigentliche Ursache für unsere Unzufriedenheit sein kann und in die anderen Bereiche ausstrahlt.

Berufliche Unzufriedenheit, die auf ein suboptimales Energiemanagement zurückzuführen ist, hängt eng mit einem ungesunden Lebenswandel und mangelnder Selbstfürsorge zusammen.

Anzeichen für ein unzureichendes Energiemanagement sind körperliches Unwohlsein, erhöhte Anspannung, mangelnde Emotionsregulation, schlechte Konzentrationsfähigkeit und Geistesabwesenheit. Manche sehen in der Arbeit keinen Sinn mehr oder fühlen sich antriebslos. Überlegen Sie, was Sie physisch, emotional, mental und spirituell mit Energie versorgt und was Ihnen Kraft raubt. Nur dann können Sie Ihre Job-Crafting-Maßnahmen am richtigen Punkt ansetzen.

Das Niveau Ihrer physischen Kraft beispielsweise wird von Ihrer Gesundheit bestimmt und davon, wie Sie mit Ihrem Körper umgehen. Dabei spielen Ihre Ernährung und Ihr Schlafverhalten ebenso eine Rolle wie Sport und Fitness sowie Ihre Fähigkeit sich zu erholen. Ihr physisches Energieniveau im Job lässt sich an verschiedenen Faktoren feststellen. Machen Sie sich bewusst, ob Sie Ihren Körper bei der Arbeit überhaupt spüren, wie Sie sich körperlich fühlen und ob Sie Ihren Arbeitsalltag an Ihren natürlichen Biorhythmus anpassen. Ich erlebe viele Klient*innen, die selbst auf körperliche Warnsignale wie Verdauungsprobleme, Sodbrennen, Herzrasen, Schlafstörungen, Gewichtszunahme oder -abnahme, Verspannungen oder Schmerzen nicht adäquat reagieren, sondern mit Medikamenten an den Symptomen herumdoktern, anstatt sich dem eigentlichen Problem – dem physischen Energiemanagement – zu widmen.

Die emotionale Verfassung bestimmt, wie ausgeglichen eine Person ist, wie gut sie mit Stress umgeht, wie überlegt sie handelt und ihre Emotionen erkennt, versteht und regulieren kann. Wer über eine ausgeglichene emotionale Energie verfügt, lässt sich von den eigenen Gefühlen nicht negativ beeinflussen, kann sich gut von Rückschlägen erholen und ist in der Lage, sich Veränderungen anzupassen. Ein guter Gradmesser Ihrer emotionalen Energiereserven sind die Fragen, wie kraftvoll Sie sich im Umgang mit Herausforderungen fühlen und ob Sie Ihre eigenen Emotionen in schwierigen Situationen, zum Beispiel unter Zeitdruck oder in Konflikten, angemessen regulieren und konstruktiv ausdrücken können.

Wie stark Ihre Fähigkeit ausgeprägt ist, Informationen zu verarbeiten, sich zu konzentrieren, Prioritäten zu setzen, kreativ zu denken, Entscheidungen zu fällen und die eigene Denkweise an veränderte Umstände anzupassen, bestimmt Ihr mentaler Energiespeicher. Wenn Sie mental mit ausreichend Energie versorgt sind, können Sie sich während der Arbeit von negativen Gedanken oder Sorgen freimachen, um sich der konstruktiven Lösungsfindung zu widmen. Sie können Ihre Impulse kontrollieren und Ihre geistige Leistungsfähigkeit aufrechterhalten.

Das, was sich in innerem Frieden bemerkbar macht und dem Handeln eine Ausrichtung und einen Sinn gibt, kann man als spirituelle Energie bezeichnen. Woran erkennen Sie diese immaterielle Ressource? Widmen Sie sich Ihren Gefühlen und erspüren Sie, wie stark Sie sich mit Ihren Werten und Überzeugungen verbunden fühlen und inwiefern Ihre täglichen Handlungen und Entscheidungen diese Werte widerspiegeln. In welchem Maß vermittelt Ihre Arbeit Ihnen ein Gefühl von Bedeutsamkeit und Sinn? Können Sie in schwierigen beruflichen Situationen auf Ihre inneren Ressourcen zurückgreifen, um Kraft und Trost zu finden? Teilt Ihr berufliches Umfeld Ihre inneren Überzeugungen und Werte? All das sind Indizien dafür, wie es um Ihre spirituelle Energie steht.

Welchen Verlauf es nehmen kann, wenn der Energiehaushalt aus dem Gleichgewicht geraten ist, zeigt das Beispiel einer Klientin Anfang 30. Aus Angst vor finanzieller Unsicherheit arbeitete die alleinerziehende Mutter in Vollzeit als Officemanagerin. Durch die permanente Doppelbelastung vernachlässigte sie ihre eigenen Bedürfnisse und verlor die Kontrolle über ihr Energiemanagement. Unter Dauerstress ließ sie Mahlzeiten aus und schlief zu wenig. Der chronische Schlafmangel machte sie anfälliger für Krankheiten, aber weil sie keine Fehltage anhäufen wollte und deswegen auch krank zur Arbeit kam, erhöhte sich der Druck immer mehr. Allen Anforderungen gerecht werden zu wollen und permanent Entscheidungen treffen zu müssen, erschöpfte sie mental. Sie fühlte sich zunehmend überfordert und hatte Schwierigkeiten, sich zu konzentrieren.

Auch um ihre emotionale Energie stand es nicht gut. Sie empfand sich häufig als unzulänglich und hatte mit Schuldgefühlen an – wie sie es nannte – beiden Fronten zu kämpfen, die irgendwann in eine diffuse Angst mündeten. Sie hatte das Gefühl, niemandem mehr gerecht werden zu können. Ihr Alltag ließ ihr keine Möglichkeit für Selbstreflexion oder Achtsamkeit – ein Teufelskreis, den viele Eltern kennen. Je nötiger es wäre, sich Zeit für sich selbst und die eigenen Bedürfnisse zu nehmen, desto weniger möglich scheint es, weil die Tage durchgetaktet und oft ohnehin völlig überfrachtet sind.

Meine Klientin verlor mehr und mehr die Verbindung zu sich selbst und fühlte sich innerlich leer. Durch die Beratung erkannte sie die Dringlichkeit zu handeln. Mit einem gemeinsam ausgearbeiteten Plan fand sie über gesündere Lebensgewohnheiten und regelmäßige Pausen zunächst in ihre physische Kraft zurück. Sie konnte ihre eigenen Bedürfnisse wieder besser spüren. Sie reduzierte die Arbeitszeit von 100 auf 80 Prozent und nutzte den Freitagvormittag für spirituelle Praktiken wie Meditation und Yoga. Nach und nach brachte sie so ihr Leben wieder ins Gleichgewicht, was sie nicht nur zufriedener, sondern auch erfolgreicher machte.

Die Basis: Ihre innere Einstellung

Eine weitere wichtige Quelle Ihrer Zufriedenheit liegt im Inneren – in Ihrer Einstellung. Welche Haltung haben Sie zu sich selbst und anderen Menschen, Situationen oder der Außenwelt gegenüber? Ihre innere Einstellung setzt sich aus tief verwurzelten bewussten und unbewussten persönlichen Überzeugungen und Werten zusammen.

Ganz gleich, wie Sie Ihren Job verändern, eine hinderliche oder negative Einstellung wird immer dafür sorgen, dass Sie unzufrieden bleiben. »Your personality shapes your personal reality.« – Wie wir die Welt wahrnehmen, welche Bedeutung wir Situationen geben, wie wir auf Ereignisse reagieren, Entscheidungen fällen oder Beziehungen gestalten, ist in weiten Teilen nicht auf äußere Umstände, sondern auf unsere Persönlichkeit zurückzuführen.

Vor allem die tief verankerten und oft unbewussten Annahmen über uns selbst, andere Menschen und das Leben beeinflussen, wie wir fühlen, denken und handeln.

Vor diesem Hintergrund spielt es eine große Rolle, wie Sie Ihren Job wahrnehmen. Aussagen wie »Ob ich meinen Job mache oder nicht, ist im Grunde genommen egal« oder »Meine Arbeit ist nur ein Tropfen im Ozean« sind Anzeichen dafür, dass Sie Ihren Job für irrelevant halten – ihn als wenig bedeutsam interpretieren –, was unweigerlich zu Unzufriedenheit führt. Wenn das, was Sie tun, keine Wichtigkeit hat, können Sie sich weder damit identifizieren noch dafür motivieren. Der Zusammenhang liegt auf der Hand: Wer fest davon überzeugt ist, mit seiner Arbeit einen Beitrag zu leisten, der in einem größeren Zusammenhang bedeutsam ist, engagiert sich lieber als jemand, der seine Arbeit für bedeutungslos und sinnentleert hält.

Auch Ihre allgemeine innere Einstellung wirkt sich maßgeblich auf Ihre berufliche Zufriedenheit aus. Aussagen wie »Der Chef nervt!«, »Die Kunden sind unverschämt« oder »Arbeiten ist eben immer anstrengend« suggerieren, dass die Unzufriedenheit im Job externe Gründe hat. Doch allein das Umfeld für die Arbeitsverdrossenheit verantwortlich zu machen, ist zu kurz gesprungen. Gerade Bewertung, Beschwerde, Schuldzuweisung und Anklage können ein Hinweis darauf sein, dass eine Modifikation der inneren Einstellung nötig ist.

Vielleicht kennen Sie auch eine Person, die immer alles schwarzmalt und in Konflikte mit dem Team gerät, weil sie in negativen Denkmustern gefangen ist, oder einen Kollegen, der sich ständig mit anderen vergleicht und darüber in Stress gerät – oder eine Vorgesetzte, die aufgrund von zu hohen Erwartungen anhaltend enttäuscht ist. Die Beispiele zeigen: Wer in destruktiven Wahrnehmungs-, Denk- und

Verhaltensmustern verharrt, wird weder Optimismus noch Selbstwirksamkeit erfahren. Ganz im Gegenteil: Negativität zieht Negativität nach sich.

Eine negative Haltung verstärkt den Fokus auf Fehler und Mängel und sorgt für miese Stimmung – ein Teufelskreis. Das ewige Meckern über den Job führt zur inneren Ermüdung und zur Verschlechterung beruflicher Beziehungen.

Eine positive Grundeinstellung gegenüber der Arbeit ermöglicht es Ihnen, Erfolge zu feiern und Misserfolge als Lernchancen zu sehen. Sie fördert produktive Zusammenarbeit und zieht Optimismus, gesteigertes Selbstwertgefühl, höhere Motivation, Leistung und Resilienz nach sich. Eine negative Einstellung hingegen verleitet dazu, sich auf Schwierigkeiten zu konzentrieren und sich von Misserfolgen entmutigen zu lassen. Sie kann die Arbeitsatmosphäre vergiften und zu Problemen bei der Stressbewältigung führen.

Jeder der folgenden Aspekte einer negativen inneren Einstellung kann der Grund für Ihre berufliche Unzufriedenheit sein. Sollten Sie das ein oder andere Muster in sich wiedererkennen, ist das aber kein Grund, sich dafür abzuwerten. Bleiben Sie wertschätzend im Kontakt mit sich selbst. Einst diente diese Haltung als Schutzmechanismus, um Sie vor unangenehmen Emotionen zu bewahren. Wenn Sie als Kind zum Beispiel das Gefühl hatten, nur etwas wert zu sein, wenn Sie Ihre Schulaufgaben fehlerlos erledigen, könnten Sie daraus unbewusst eine perfektionistische Haltung entwickelt haben.

Sich der eigenen inneren Einstellung bewusst zu werden, ist deshalb so wichtig, weil sich unsere Haltung nicht automatisch verändert, wenn die Umstände modifiziert werden. Denn wir wollen recht behalten und suchen im Außen vor allem Beweise für unsere inneren Überzeugungen.

Das Außen ist ein Spiegel der Innenwelt: Die Welt zeigt uns immer das, was wir über sie denken, denn Wahrnehmung ist zu großen Teilen nichts anderes als bestätigte Projektion. Die Tür zu Erfüllung und Zufriedenheit öffnet sich in diesem Fall nach innen.

Stellen Sie sich zwei Personen vor, die eine Präsentation halten. Die eine glaubt daran, dass andere wohlwollend auf sie schauen. Sie hat eine hohe Vertrauensorientierung, ist offen für neue Kontakte und kann sich selbst unverstellt zeigen. In ihrer Präsentation vor den Vorgesetzten wertet sie Nachfragen als Interesse. Die andere Person ist von Überzeugungen wie »Andere kritisieren mich« oder »Andere wollen mir was Böses« geleitet. Sie unterstellt grundsätzlich eine feindliche Haltung, nimmt Kritik vorweg und hat Probleme, eigene Ideen unbeschwert zu formulieren. Dieselben Nachfragen der Vorgesetzten nach ihrer Präsentation wertet sie als Angriff und interpretiert sie als Bestätigung, dass man ihr feindselig gesinnt ist. Wie Sie sich vorstellen können, verlaufen die Präsentationsleistungen der beiden Personen und der anschließende Austausch darüber völlig gegensätzlich. Während die erste Person mit ihrer Leistung und den Rückmeldungen zufrieden sein wird und sich mit ihren Vorgesetzten auf der Sachebene austauschen kann, fühlt sich die zweite Person ungerecht behandelt und kritisiert und verfällt in Rechtfertigungen, die gar nicht nötig sind und die Beziehung unnötig belasten könnten.

Reflektieren Sie Ihre Grundeinstellung anhand folgender Beispiele für innere Haltungen ehrlich; nur so erlangen Sie Klarheit darüber, inwiefern sie Ihre Zufriedenheit negativ beeinflussen.

Kreisen Ihre Gedanken oft um das, was nicht gut läuft? Negative Denkmuster sind irrationale und unproduktive Gedankenkonstrukte, die dazu führen, dass Situationen auf eine pessimistische und selbstschädigende Weise interpretiert werden. Dazu gehören zum Beispiel Schwarz-Weiß-Denken (etwas ist entweder perfekt oder ein totaler Misserfolg), Generalisierung (eine Einzelleistung wird als Beweis für allgemeine Unfähigkeit herangezogen), Negativfokus (kein positiver Aspekt kann wahrgenommen werden) und Katastrophisieren (man erwartet das Schlimmste und bauscht kleine Schwierigkeiten zu Katastrophen auf). Wer eine (oder mehrere) dieser Denkmuster verinnerlicht hat, geht das Risiko ein, darüber die eigene Leistung, die Arbeitsbeziehungen und die allgemeine Zufriedenheit im Job negativ zu beeinflussen.

Sind Sie häufig enttäuscht, weil Sie nicht bekommen, was Sie wollen? Unrealistische Erwartungen sind wirklichkeitsfern, übertrieben oder unerreichbar. Sie entstehen aus Wünschen, Vorstellungen oder Fantasien, die nicht den tatsächlichen Gegebenheiten, Fähigkeiten oder Ressourcen entsprechen, und führen in den meisten Fällen zu Enttäuschung. Wenn eine Person beispielsweise von sich erwartet, in einer neuen Position sofort erfolgreich zu sein, oder annimmt, dass die Arbeit immer leicht und problemlos verläuft, ist das eher realitätsfern. Sie geht oft davon aus, dass Kolleg*innen oder Vorgesetzte ihre Gedanken lesen und genau wissen, was sie braucht. Sie setzt sich unrealistische Fristen oder schwer erreichbare Ziele und fühlt sich frustriert, wenn Vorhaben nicht gelingen.

Hoffen Sie insgeheim darauf, »gerettet zu werden« oder von allen Verpflichtungen entlastet zu sein? Mangelnde Eigenverantwortung bedeutet, dass Menschen nicht bereit oder nicht in der Lage sind, Verantwortung für eigene Entscheidungen, Handlungen und entsprechende Konsequenzen zu übernehmen. Diese Personen neigen dazu, die Schuld für Misserfolge oder unangenehme Lebensumstände im Außen, bei anderen Menschen oder Begebenheiten, zu suchen, anstatt ihre eigene Rolle in diesen Situationen anzuerkennen und daraus zu lernen. Sie fühlen sich häufig unfähig oder hilflos und erhoffen sich eine Veränderung, ohne selbst aktiv zu werden. Sie haben Schwierigkeiten, sich berufliche Ziele zu setzen und neigen dazu, Aufgaben zu delegieren, die sie eigentlich selbst erledigen müssten. Sie lassen sich leicht ablenken und finden gute Entschuldigungen für alles, was nicht funktioniert. Ihr Anspruch an ihr Umfeld ist, dass es sie motiviert und inspiriert.

Wünschen Sie sich, wenn Sie ehrlich sind, dass alles so bleibt, wie es ist? In einer schnelllebigen Berufswelt kann auch innerer Widerstand gegen Veränderungen zu Unzufriedenheit führen. Eine innere Einstellung, die Wandel als negativ oder als bedrohlich wahrnimmt, macht es schwer, sich an neue Arbeitsumgebungen, -aufgaben oder -anforderungen anzupassen. Manchmal werden diese abgelehnt oder sogar sabotiert. Neuerungen oder Unbekanntes lösen Angst oder Unsicherheit aus und führen zu innerem Unbehagen. Menschen, die bekannte Routinen bevorzugen, vermeiden es aktiv, sich neuen Situationen oder Erfahrungen zu stellen, und sind davon überzeugt, dass Veränderungen häufiger negative als positive Auswirkungen haben.

Ist das, was Sie geben und bekommen, niemals gut genug? Eine Person, die zu Perfektionismus neigt, orientiert sich an einem Idealbild, einer »richtigen« Zukunft, einem »idealen« Leben. Sie hat übermäßig hohe Ansprüche an sich selbst und andere und steht permanent unter dem Druck, eine 100-Prozent-Lösung zu erreichen. Die Motivation dahinter ist aber – anders als vielleicht vermutet – nicht die Freude auf einen schönen Erfolg; die Person möchte es vielmehr vermeiden, durch einen Misserfolg sich und andere zu enttäuschen oder andere negative Gefühle spüren zu müssen. Ihr Selbstwert ist an die Erfüllung der hohen Erwartungen und an Leistung geknüpft.

Menschen mit perfektionistischen Tendenzen fällt es schwer, Entscheidungen zu treffen oder Risiken einzugehen, weil sie Angst haben, zu scheitern oder Fehler zu machen. Sie verbringen deshalb übermäßig viel Zeit damit, ihre Arbeit zu überprüfen und zu korrigieren, verurteilen sich selbst oder andere hart für kleine Fehler oder Unzulänglichkeiten und haben das Gefühl, dass ihre Arbeit nie gut genug ist. Da die Aufmerksamkeit stets auf das Negative gerichtet wird (in dem Bemühen, es zu vermeiden), stellt sich mit der Zeit ein Gefühl der Unzufriedenheit ein.

Beobachten Sie genau, was andere tun, um sich dann mit ihnen zu vergleichen? Die eigenen Fähigkeiten, Erfolge, Eigenschaften oder Lebensumstände denen anderer Menschen gegenüberzustellen, hilft uns, Gemeinsamkeiten und Unterschiede zu definieren. Unangemessene und verzerrte Vergleiche führen allerdings meist zu falschen Schlussfolgerungen, Selbstabwertung und unangenehmen Emotionen. Wer soziale Medien hauptsächlich nutzt, um zu sehen, wie sie oder er im Vergleich zum Umfeld abschneidet, wer sich über den Erfolg anderer Menschen nicht freuen kann und sich unter Druck fühlt, etwas Bestimmtes zu erreichen, nur weil Kolleg*innen das bereits getan haben, nimmt sich selbst die Chance auf authentische Freude im Job.

Dieses Kapitel hat Ihnen einen Überblick über mögliche Ursachen für Ihre berufliche Unzufriedenheit gegeben. Konzentrieren Sie sich auf die falschen Aufgaben oder liegt es an der Art und Weise, wie Sie Ihre Aufgaben ausführen, dass Sie unzufrieden sind? Ist die Qualität Ihrer Arbeitsbeziehungen für Ihr Unbehagen verantwortlich, managen Sie Ihre Energien nicht gut genug oder liegt die Wurzel allen Übels in Ihrer

Einstellung? Vielleicht ist es auch eine Mischung aus verschiedenen Faktoren. Nehmen Sie sich ausreichend Zeit für Ihre Standortanalyse und den Blick auf Ihre aktuelle Arbeitssituation.

Nachdem Sie verstanden haben, woher Ihre Unzufriedenheit rührt, kennen Sie nun die Quellen Ihrer Frustration. Sie wissen genau, wo Sie ansetzen müssen, um aus dem lähmenden »Ja, aber …« der beruflichen Unzufriedenheit herauszufinden. Damit Sie nicht nur Ihr »Vonweg« kennen, sondern sich auch Ihrem »Hin-zu« – Ihrer perfekten Job-Person-Passung – nähern können, gilt es nun herauszufinden, wer Sie sind und was Ihnen guttut.

Schritt zwei: Der Blick nach innen – erkunden Sie Ihre Persönlichkeit

Die Hauptquelle beruflicher Zufriedenheit ist eine gute Job-Person-Passung. Um Ihr Berufsleben in Einklang mit Ihrer Persönlichkeit bringen zu können, ist eine fundierte Innenschau unerlässlich. Lassen Sie uns also herausfinden, wer Sie überhaupt sind, was Sie können, brauchen und wollen und welche Erwartungen Sie dementsprechend an Ihre Arbeit haben.

Die Basis für ein authentisches Berufsleben ist die Erkundung der eigenen Persönlichkeit. Alle Maßnahmen des Job Crafting setzen voraus, dass Sie sich Ihrer selbst bewusst sind, um daraus Ihre beruflichen Bedürfnisse und Erwartungen sowie die Eigenschaften und Bedingungen Ihres optimalen Jobs abzuleiten.

Wer nicht weiß, was ihr oder ihm guttut, kann auch keinen Einfluss darauf nehmen, es zu erhalten. Eine mangelnde Job-Person-Passung birgt die Gefahr, sich zunehmend von sich selbst zu entfernen. Der Blick nach innen soll Sie wieder mehr mit Ihrem authentischen Selbst in Kontakt bringen. Denn nichts spendet so viel Kraft und wirkt so anziehend wie Authentizität.

Was ist Persönlichkeit?

Persönlichkeit ist ein theoretisches Konstrukt, das Auskunft darüber gibt, was einen Menschen einzigartig macht. Sie erklärt, warum Menschen in derselben Situation unterschiedlich reagieren – warum sich zum Beispiel die eine Person irritiert zurückzieht, wenn eine Kollegin einen Scherz macht, während die andere einen ironischen Konter liefert, oder warum ein Mitarbeiter sich vom lauter werdenden Ton seiner Vorgesetzten eingeschüchtert und verunsichert fühlt, während eine andere Mitarbeiterin das als Herausforderung empfindet und im konstruktiven Diskurs besonders gut ihre Leistung abrufen kann.

Man kann Persönlichkeit als die Gesamtheit der individuellen Ausprägungen verstehen, die charakteristisch für uns sind. Das bedeutet: Sie kommen dauerhaft vor und sind in verschiedenen Situationen recht stabil. Unsere Persönlichkeit zeigt sich einerseits in unserem eigenen Erleben, unserem inneren Dialog sowie unseren Gedanken und Gefühlen. Andererseits wird sie in der Interaktion mit anderen deutlich.

Der auch für andere sichtbare Teil der Persönlichkeit offenbart sich in unseren Eigenschaften, Stärken, Talenten und Kompetenzen. Dazu zählen zum Beispiel Extraversion, Intelligenz, Kreativität oder Sozialkompetenz, aber auch die Art und Weise, wie wir sprechen und wie wir uns verhalten. Sogar unsere körperliche Erscheinung kann Auskunft über unsere Persönlichkeit geben. Besonders spannend ist der Teil, der all dem zugrunde liegt: unsere inneren Einstellungen, Haltungen, Überzeugungen und Glaubenssätze, die unser Denken, Fühlen, unsere Kommunikation und unser Verhalten lenken. Darüber hinaus haben neben unseren Werten, Antrieben und Motiven auch unsere Ziele und Visionen eine große Wirkung darauf, wohin wir im Leben steuern.

Ebenso nehmen unsere Interessen und Bedürfnisse Einfluss auf unsere Persönlichkeit: das, was uns begeistert, was uns so richtig in einer Tätigkeit versinken lässt, und das, was wir brauchen, um uns rundum wohlzufühlen. Hinzu kommt unser Temperament. Auch unsere Bewältigungsstile im Umgang mit Belastung und unsere Abwehr- und Kompensationsmechanismen bei Stress sind Teil dessen, was uns besonders macht.

Warum ist Persönlichkeitsanalyse so schwer?

Wir sehnen uns alle nach Authentizität. Wir möchten herausfinden, wer wir im Kern wirklich sind. Doch es ist gar nicht so leicht, sich selbst auf den Grund zu gehen und als Person zu beschreiben. Das liegt zum einen daran, dass Selbstanalyse kein erlerntes Konzept ist; die meisten wissen nicht, wie sie am besten vorgehen sollen. Zum anderen bewirkt unsere leistungsorientierte Gesellschaft, in der Vergleiche und übermäßige Selbstkritik, beispielsweise in den sozialen Medien, unseren Alltag bestimmen, dass wir den Blick anstatt nach innen eher nach außen richten. Um uns selbst auf die Spur zu kommen, müssen wir aus der Ich-Position der subjektiven Empfindungen in die Position eines neutralen Beobachtenden schlüpfen. Dieser Perspektivwechsel braucht neben der notwendigen Disziplin vor allem Übung, Raum und Zeit.

Um uns selbst auf den Grund zu gehen, müssen wir aus dem Hamsterrad des Alltags aussteigen und uns bewusst die Zeit und den Raum nehmen, unseren eigenen Charakter zu betrachten.

Ein Großteil der Persönlichkeit liegt im Unbewussten und ist unserer Wahrnehmung – zumindest ohne viel Übung – nicht leicht zugänglich. Sich mit den Mechanismen des Unbewussten zu beschäftigen, kann bei vielen einen gewissen Widerwillen auslösen; manches ist vielleicht nicht ohne Grund tief im Inneren verborgen. Wenn aber das Unbewusste am Steuer ist, agieren und reagieren wir im Autopiloten. Wir nehmen keinen bewussten Einfluss auf unsere Entscheidungen und Handlungen und landen dementsprechend ungewollt immer wieder in denselben emotionalen Zuständen.

Das macht uns – etwas überspitzt formuliert – zu Knechten unserer Affekte und Impulse. Am ehesten merken wir das, wenn wir im Stress sind, was häufig im Job der Fall ist. Unbewusste Emotionen und Muster können dazu führen, dass wir uns in bestimmten beruflichen Situationen unsicher, angegriffen oder kritisiert fühlen. Wir reagieren dann möglicherweise defensiv oder aggressiv, ohne uns dieser Zusammenhänge bewusst zu sein, was uns immer wieder in ungewollte Konfliktsituationen bringen kann. Oder denken Sie an das ständige Aufschieben von wichtigen Aufgaben. Wenn unbewusste Ängste oder Glaubenssätze dafür verantwortlich sind, dass wir prokrastinieren oder uns ablenken lassen, führt das so lange zu einer verminderten Effizienz und Produktivität, bis wir die darunterliegenden Muster erkennen. Die Analyse unserer Persönlichkeit erhöht also unseren Grad an Freiheit: Indem wir uns verstehen, akzeptieren und wertschätzen lernen, nehmen wir das Steuer unseres Lebens wieder in die Hand.

Wie gelingt es, die Persönlichkeit zu erfassen?

Für das Gelingen der Persönlichkeitsanalyse ist Ihre innere Haltung von großer Bedeutung. Auf dieser Reise nach innen braucht es einiges an Achtsamkeit und Selbstfürsorge, daher rate ich Ihnen: Machen Sie sich zur Priorität und nehmen Sie sich selbst gegenüber eine liebevolle und wertschätzende Haltung ein. Seien Sie neugierig, offen und bereit, neue Erkenntnisse über sich zu gewinnen. Haben Sie den Mut, sich kritisch zu hinterfragen, und richten Sie einen möglichst urteilsfreien Blick auf sich.

Betrachten Sie die Persönlichkeitsanalyse als ein Instrument der Selbstfindung, das Antworten auf Fragen liefern soll, die wir uns alle immer wieder stellen: »Wer bin ich?«, »Was kann ich?«, »Was will ich?«

Widerstehen Sie dem Drang, Ihre Erkenntnisse in Stein zu meißeln. Betrachten Sie die Ergebnisse Ihrer Analyse eher als einen Ausgangspunkt für weitere Reflexion und Entwicklung. Selbstfindung ist ein fortdauernder Prozess. Es gibt neben einem recht stabilen Kern der Persönlichkeit auch einen wandlungsfähigen Teil, der sich zeit unseres Lebens verändert und reift. Außerdem befinden sich so viele Persönlichkeitsanteile im Unbewussten, dass es stets etwas Neues von sich zu entdecken gibt. Je tiefer Sie eintauchen, desto spannender wird Ihre Entdeckungsreise.

Und je genauer Ihre Persönlichkeitsanalyse ist, desto erfolgreicher wird Ihr Job Crafting sein. Da die nächsten Schritte Ihres Job-Crafting-Prozesses auf diesem aufbauen, rate ich Ihnen, sich Zeit für Ihre Selbstreflexion zu nehmen und Ihre Gedanken schriftlich festzuhalten. Dann müssen Sie bei komplexen Gedankengängen nicht immer wieder von vorne anfangen, sondern können Stück für Stück auf Ihren »Aha-Momenten« aufbauen. Schreiben dauert länger als Denken. Es lässt Sie tiefer in den Prozess eintauchen, bahnt den Weg zum Unbewussten und öffnet den Zugang zu den verschiedensten Aspekten der Persönlichkeit und ihren Interdependenzen.

Die Verschriftlichung hilft Ihnen, Ihre Gedanken klarer zu formulieren und auf dem Papier oder Bildschirm zu ordnen.

Mit der Zeit legen Sie so eine Sammlung von Gedanken, Erkenntnissen und Fragen an, auf die Sie immer wieder zurückgreifen können. Frühere Aufzeichnungen bilden eine Referenz, anhand derer Sie Ihre Entwicklung und Veränderung über die Zeit messbar beobachten können. Schließlich hat das Niederschreiben einen therapeutischen Effekt: Sich die positiven Aspekte der eigenen Persönlichkeit über das Lesen immer wieder bewusst zu machen, kann helfen, innere Unsicherheiten und emotionale Belastungen abzubauen, und dazu beitragen, den Blick auf sich selbst zu erneuern.

Wenn Sie Ihre berufliche Veränderung professionell begleiten lassen wollen, empfehle ich Ihnen unseren Onlinekurs zum Thema Job Crafting. Seine Grundlage bildet eine fundierte Persönlichkeitsanalyse inklusive eines ausführlichen Ergebnisdossiers. In Videos und Worksheets bekommen Sie theoretisches Wissen und praktische Übungen zum Selbststudium an die Hand, aufgezeichnete Job-Crafting-Coachings inspirieren Sie dazu, Ihren Job aktiv neu zu gestalten. Alle Infos dazu finden Sie unter www.jobcrafting.de.

Persönlichkeitsanalyse: Überblick und Anleitung

In diesem Kapitel stelle ich Ihnen verschiedene Zugänge zu einer fundierten Persönlichkeitsanalyse in Eigenregie vor. Sie erhalten zunächst einen Überblick über die unterschiedlichen Methoden und können dann diejenigen ausprobieren, die Sie am meisten ansprechen. Verlassen Sie sich dabei auf Ihre Intuition. Ihre Persönlichkeit ist ein komplexes und dynamisches Konstrukt. Es gibt nicht die eine Wundermethode, die sie vollständig erfasst. Es empfiehlt sich daher, mehrere Herangehensweisen zu kombinieren, um ein möglichst umfassendes Bild von sich selbst zu erlangen.

Sich selbst beobachten

Introspektion ist eine Methode der Persönlichkeitsanalyse durch Selbstbeobachtung. Wie funktioniert das? Sie beobachten und reflektieren Ihr Verhalten, Ihre Gedanken und Emotionen mit dem Ziel, wiederkehrende Muster darin zu erkennen und ein tieferes Verständnis Ihrer Persönlichkeit zu erlangen. Wie wir uns tagtäglich verhalten, was wir denken und fühlen, zeigt uns, wer wir sind. Doch häufig ist uns das in der akuten Situation kaum bewusst. Daher ist es ratsam, uns selbst und unsere Erlebnisse mit etwas zeitlichem und emotionalem Abstand zu betrachten.

Ein gutes Beispiel für diese Herangehensweise ist einer unsere Kunden – ein Mann Mitte 30, Co-Founder und Leiter der Produktentwicklung eines Start-ups, das Fleischersatz herstellte. In seiner Selbstbeobachtung wurde ihm klar, dass er sich nach jedem Meeting mit seinem Mitgründer – dem CEO – vollkommen kraftlos fühlte. Eine nähere Analyse offenbarte, dass er sich bei diesen Treffen weder besonders gut abgrenzen noch seine Ideen hinreichend platzieren konnte, weil er sich ständig unterbrechen ließ und aus lauter Enttäuschung darüber schließlich resignierte. Mit diesem Wissen konnte er nun Methoden entwickeln, um seiner Sprachlosigkeit entgegenzuwirken. Er sendete vor den Meetings per Mail vorbereitende Informationen an seinen Geschäftspartner und führte die Regel ein, dass sie einander beim Reden nicht unterbrechen.

Nutzen auch Sie die Kraft der Selbstbeobachtung und lassen Sie den Tag in einer Reflexion am Abend Revue passieren. Neben kurzen Notizen oder Texten helfen Mindmaps und Diagramme, Ihre Beobachtungen und Erkenntnisse zu strukturieren.

Beziehen Sie auch den Kontext der Beobachtung mit ein: In welchen Situationen, mit welchen Menschen und bei welchen Tätigkeiten treten bestimmte Verhaltensweisen, Gefühle und Gedanken auf? In welche Automatismen verfallen Sie häufig? So können Sie spezifizieren, welche Situationen Sie anstreben oder kreieren sollten, um sich wohlzufühlen, und welche Umstände Sie lieber meiden oder verändern sollten, um Stress zu reduzieren.

Stellen Sie beispielsweise in der Selbstbeobachtung fest, dass Sie häufig auf Ihrem Recht beharren, kann das bedeuten, dass Sie genau, dominant und durchsetzungsstark, aber vielleicht auch stur und unflexibel oder von Menschen umgeben sind, deren Weltsicht sich grundlegend von Ihrer unterscheidet. Wird Ihnen häufig die Verantwortung für Projekte oder Entscheidungen übertragen, halten andere Sie wahrscheinlich für verantwortungs- und pflichtbewusst, verlässlich und entscheidungsstark. Ihnen fällt auf, dass Sie häufig den Weg des geringsten Widerstandes gehen? Dann haben Sie eventuell eine ängstliche oder unsichere Seite, eine geringe Frustrationstoleranz, oder Sie mögen es lieber unbeschwert und haben schlichtweg keine Lust, sich das Leben schwerer zu machen als nötig.

Ihnen wird durch die Beobachtung klar, dass Sie wohl eine gute Zuhörerin sind, denn andere vertrauen sich Ihnen regelmäßig an? Dann sind Sie höchstwahrscheinlich empathisch, verständnisvoll, geduldig, vertrauenswürdig und integer. Wer bei der Beschreibung seiner Gefühle merkt, dass er häufig wütend ist, kann darin hohe Reizbarkeit oder Impulsivität, aber auch viel Antriebskraft, Gestaltungswillen oder Gerechtigkeitsempfinden erkennen. Ist jemand häufig traurig, kann das für hohe Sensibilität stehen oder auf eine Introversion oder einen geringen Selbstwert hinweisen. Analysieren Sie auch den Kontext, in dem Sie diese unangenehmen Gefühle wiederholt empfinden, denn hier liegt ein großer Veränderungsbedarf. Sie werden in bestimmten beruflichen Situationen immer wieder sehr müde? Wahrscheinlich entspricht das Umfeld nicht Ihrem Bedürfnis nach Anregung und Abwechslung.

Da dieses Vorgehen zur Selbsterkenntnis hauptsächlich im inneren Dialog stattfindet, ist es ganz natürlich, dass sich unterschiedlichste innere Stimmen zu Wort melden, die jeweils einen Persönlichkeitsanteil repräsentieren – zum Beispiel »die Mutige«, »der Ängstliche«, »die Unkonventionelle«, »der Verspielte« oder »die Wütende«. Einige innere Anteile arbeiten gut miteinander, während andere sich gegenseitig einschränken oder sogar bekämpfen. Innere Vielfalt ist keinesfalls etwas Schlechtes. Im Gegenteil: Sie macht uns lebendig und kann produktiv genutzt werden. Halten Sie alles fest, was Sie denken und fühlen. Schließlich geben alle Anteile einen Hinweis auf Ihre Persönlichkeit. Achten Sie nur darauf, dass negative oder abwertende Stimmen wie die »interne Richterin« oder Ihr »innerer Kritiker« Ihnen nicht den positiven Blick auf sich selbst verstellen. Bei Ihrer Selbstbeobachtung geht es nicht darum, zu werten, sondern lediglich darum, Eindrücke zu sammeln.

Werkzeuge der Selbstreflexion

Beginnen Sie nun damit, Ihre individuellen Eigenschaften tiefer gehend zu analysieren. Auf diese Weise erlangen Sie ein differenziertes Bild Ihrer Persönlichkeit. Am Beispiel verschiedener Bestandteile Ihrer Persönlichkeit zeige ich Ihnen, wie Sie vorgehen können.

Stärkenliste erstellen

Ich verstehe Stärke als natürliche Eigenschaft, als Anlage, aus der Fähigkeiten entwickelt werden können, wie zum Beispiel Kreativität, Empathie, Gewissenhaftigkeit oder Kooperation. Durch das Ausleben der eigenen Stärken erfahren Menschen eine positive Rückkopplung, die wiederum ihren Selbstwert stärkt. Daher wenden sie sie gerne an und entwickeln daraus in der Regel auch Fähigkeiten, mit denen sie erfolgreich sind.

> **Der Blick auf die Stärken spielt eine große Rolle, wenn es um berufliche Authentizität geht. Wer die Frage danach, ob er beruflich das macht, was ihm am meisten liegt, mit »Ja!« beantwortet, ist bedeutend zufriedener als jemand, der diese Frage verneinen muss.**

Wer sich darauf konzentriert, das weiterzuentwickeln, was als positive Anlage bereits vorhanden ist, hat die Chance, durch Wissenserweiterung und Übung in einem Tätigkeitsfeld Exzellenz zu erreichen. Das bildet die Grundlage beruflichen Erfolgs. Was auch bedeutet: Sie arbeiten lieber, motivierter und effizienter und heben sich von Ihren Kolleg*innen ab, indem Sie Zeit und Ressourcen, die Sie andernfalls auf das Ausgleichen Ihrer Schwächen verwenden würden, einsparen. Sie reduzieren den Stress, der mit der Erledigung von Aufgaben verbunden ist, die Ihnen nicht liegen, und fördern Ihre Karriereentwicklung. Dafür sollten Sie Ihre Stärken kennen.

Viele konzentrieren sich zu sehr auf ihre vermeintlichen Schwächen, was nicht selten darin mündet, sich zu stigmatisieren – negative Stereotype oder Vorurteile gegenüber sich selbst zu übernehmen – und sich abzuwerten. In der Folge fühlen sie sich unsicher oder unzufrieden, weil sie ihr Potenzial nicht ausschöpfen. Wer krampfhaft versucht, in etwas besser zu werden, was ihm schwerfällt oder wofür er keine Freude oder Leidenschaft entwickeln kann, erreicht mit einem hohen Investment an Zeit, Energie und vielleicht sogar Kosten trotzdem nur mittelmäßige Ergebnisse und wird kaum ein echtes Zufriedenheitsgefühl empfinden.

Viele Menschen können ihre Stärken auch deshalb nicht benennen, weil sie sie noch nicht ausreichend erforscht haben oder weil sie sich in einer Umgebung befinden, in der ihre Stärken weder genutzt noch anerkannt werden. Außerdem kommen uns unsere Stärken so selbstverständlich vor – weil sie gefühlt schon immer da waren –, dass wir zwei Fehler machen: Wir übersehen sie in uns selbst, weil wir ihre Besonderheit unterschätzen, und wir erwarten von anderen – eben, weil uns diese Stärken so selbstverständlich erscheinen –, dass sie das Gleiche können wie wir.

Wenn ich meine Klient*innen bitte, 30 ihrer positiven Eigenschaften und Stärken schriftlich aufzulisten, fällt ihnen der Anfang oft schwer. Es scheint eine Art innere Barriere oder Widerwillen zu geben, sich selbst positiv darzustellen. Als ob sie zunächst hindernde Glaubenssätze wie »Eigenlob stinkt«, »Hochmut kommt vor dem Fall« oder »Gib bloß nicht zu sehr an!« überwinden müssten, fällt es ihnen nach einer bestimmten Anzahl von Stärken leichter, weitere zu benennen. Es scheint eine regelrechte Erleichterung einzutreten, nachdem sie sich erlaubt haben, positiv über sich selbst zu sprechen. Und das motiviert sie, damit fortzufahren.

Wenn Sie Ihre Stärken anerkennen und sich innerlich mit dem eigenen Wert verbinden, stärkt das Ihre Identität und Ihr Selbstwertgefühl. Es verleiht Ihnen eine gute motivationale Grundlage, um Ihr Veränderungsvorhaben anzugehen. Richten Sie Ihren Blick nach innen und erstellen Sie eine Liste mit 30 Ihrer positiven Eigenschaften und Stärken: Was zeichnet Sie aus? Was können Sie gut? Worin fühlen Sie sich sicher? Wofür hätten Sie gerne mehr Zeit? Was schätzen Ihre Kollegen an Ihnen? Wofür bewundern Sie Freundinnen? Ein klareres Selbstbild zahlt positiv auf Ihr Selbstwertgefühl ein. So reduzieren Sie zwangsläufig aufkommende negative Gedanken und können sich auf die Bereiche konzentrieren, in denen Sie am besten sind.

Vielleicht haben Sie sich im Laufe Ihrer Karriere Fähigkeiten angeeignet, die Sie nun besonders gut beherrschen, die aber eher antrainiert sind und nicht Ihren originären Stärken entsprechen und die Sie deshalb auch nicht gerne anwenden. Solche Fähigkeiten gehören nicht auf diese Liste.

Es geht in diesem Schritt der Persönlichkeitsanalyse darum, sich von Ihren derzeitigen Lebens- und Arbeitsbedingungen freizumachen und sich stattdessen noch einmal komplett neu zu entdecken oder wiederzuentdecken.

Kommen Sie immer wieder zu Ihrer Liste zurück und ergänzen Sie sie. Wenn Sie die Frage nach den eigenen Vorzügen einmal angestoßen haben, arbeitet diese im Unbewussten immer weiter. Das können Sie sich wie einen Scanner vorstellen, der all Ihre guten Erfahrungen und positiven Interaktionen mit Menschen biografisch durchgeht. Richten Sie den Fokus Ihrer Aufmerksamkeit innerlich auf die Suche nach Ihren Stärken. Sie werden erstaunt sein, welche Informationen Ihr Unbewusstes sendet und wie viele Stärken Ihnen nach und nach einfallen.

Möglicherweise entdecken Sie durch das Sammeln Ihrer positiven Eigenschaften und Stärken ganz neue Talente, die Sie bisher gar nicht wahrgenommen haben. Vielleicht fällt Ihnen auf, wie gut Sie darin sind, andere zu motivieren, oder wie leicht es Ihnen fällt, komplexe Sachverhalte einfach zu erklären. Mit zunehmender Lebens- und Arbeitserfahrung entwickeln Sie sich stetig weiter. Dementsprechend werden Sie bestimmte positive Eigenschaften stärker ausbilden oder Stärken hinzugewinnen. Auch deshalb lohnt es sich, die eigene Stärkenliste regelmäßig zu aktualisieren.

Leider gibt es in vielen Köpfen eine künstliche Trennung zwischen »persönlichen« und »beruflichen« Stärken. Einige Klient*innen sprechen sogar von »privaten« und »professionellen« Stärken, was dazu führt, dass sie bei der der Frage nach dem passenden Job häufig eigene signifikante Stärken übersehen. Ich halte diese Trennung für falsch. Alles, was Sie »persönlich« an sich wertschätzen, können Sie auch im Arbeitskontext anwenden. Sind Sie empathisch, können Sie Kundenbedürfnisse verstehen und adressieren oder Kolleg*innen unterstützen und motivieren. Wer kreativ ist, entwickelt innovative Lösungen und inspiriert durch neue Perspektiven. Selbstbewusstsein kann für Selbstsicherheit in Verhandlungen stehen, wer flexibel ist, wird vielfältige Rollen übernehmen können.

Für die Erkundung beruflicher Stärken lohnt es sich, in alten Arbeitszeugnissen zu stöbern und die positiven Erwähnungen herauszuschreiben, die in Ihnen Anklang finden. Erinnern Sie sich außerdem an Feedbackgespräche, in denen Ihnen Lob und Anerkennung entgegengebracht wurde, mit denen Sie sich gut identifizieren konnten. Welche Formulierungen sind Ihnen im Kopf geblieben? Woran können Sie sich noch gut erinnern?

Fähigkeiten bewusst machen

Fähigkeiten sind kognitive oder physische Eigenschaften, Kenntnisse, Methoden oder Techniken, die es Ihnen ermöglichen, eine bestimmte Aufgabe auszuführen oder ein Ziel zu erreichen wie zum Beispiel Sprachkenntnisse, körperliche Fitness, analytisches Denken, künstlerische Fähigkeiten, soziale Kompetenz oder technisches Know-how. Sie können durch Training, Übung oder Erfahrung verbessert werden. Ein entscheidender Unterschied zwischen Fähigkeiten und Stärken ist, dass man sich Fähigkeiten aneignen kann, während Stärken meist angeboren und eher schwer zu erlernen sind.

Nachdem Sie Ihre Stärkenliste erstellt haben, sollten Sie diese erneut durchlesen und jeder Stärke eine Fähigkeit zur Seite stellen, die Sie daraus entwickelt haben. Daraus ergeben sich automatisch berufliche Fähigkeiten. Sind Sie empathisch, überzeugend und klar, dann lässt sich daraus wahrscheinlich eine gute Kommunikationsfähigkeit ableiten. Wenn Sie kritisch sind und häufig Probleme für andere lösen, haben Sie vielleicht die Fähigkeit des analytischen Denkens ausgebildet. Halten Sie sich für kommunikativ und eloquent, kann das für die Fähigkeit sprechen, sehr gute Texte zu schreiben oder besonders interessante Präsentationen zu halten. Sie haben privat ein Händchen dafür, für Ordnung zu sorgen, und sind organisiert? Dann verfügen Sie beruflich mit hoher Wahrscheinlichkeit über gute Projektmanagementfähigkeiten. Wenn Sie kreativ sind, könnte sich das in berufliche Fähigkeiten wie Problemlösungskompetenz, Ideenreichtum, Flexibilität oder in gestalterische Fähigkeiten übersetzen lassen.

Indem Sie Ihre Fähigkeiten (und damit implizit Ihre Erfolge) würdigen, motivieren Sie sich selbst.

Schwächen identifizieren

Obgleich das berufliche Erfolgsrezept darin liegt, Stärken zu stärken, anstatt Schwächen auszugleichen, kann es sinnvoll sein, die eigenen Schwächen zu kennen und zu akzeptieren, um einen produktiven Umgang mit ihnen zu finden. Es ist wichtig, zwischen echten Schwächen und mangelnden Fähigkeiten zu unterscheiden. Sollte sich beispielsweise herausstellen, dass Ihnen Computer-Skills fehlen, die Sie sich über den Einsatz Ihrer positiven Eigenschaften bzw. Stärken gut aneignen könnten, dann lohnt es sich, durch gezieltes Training in die Verbesserung Ihrer Fähigkeiten zu investieren und sich die nötigen Kenntnisse anzueignen. Das wäre zum Beispiel der Fall, wenn Sie Ihre Stärken in hoher Lernbereitschaft, technischem Verständnis und Innovationsfreude sehen.

Fehlt es Ihnen an Sprachkenntnissen, können Stärken wie Neugierde, ein gutes Gedächtnis und Interesse an Menschen Ihnen helfen, sie zu erlangen. Verfügen Sie jedoch nicht über die nötigen Stärken, um sich entsprechende Fähigkeiten anzueignen, oder haben Sie schlichtweg keine Lust dazu, könnten Sie Aufgaben und Tätigkeiten, die mit diesen Schwächen in Verbindung stehen, im Team verteilen und an Personen delegieren, die über entsprechende Kompetenzen verfügen.

Es gibt Eigenschaften, die – je nach Kontext – mal als Schwäche und mal als Stärke gelten. Betrachten Sie sie wie zwei Seiten einer Medaille.

In jeder Schwäche steckt auch eine Stärke. Ein Mensch, der sich selbst für übermäßig kritisch hält, leidet eventuell unter einer pessimistischen oder negativen Einstellung und bekommt hier und da gespiegelt, dass er unflexibel ist und man nicht so gut mit ihm zusammenarbeiten kann. In Stärken umgewandelt bedeutet das jedoch, dass diese Person Fehler und Schwachstellen schneller erkennt als andere, dass sie durch neue Perspektiven zur kreativen Ideenfindung beiträgt, konstruktives Feedback geben kann, in der systematischen Auseinandersetzung mit komplexen Problemen gut ist und zur Qualitätssicherung oder -verbesserung beiträgt.

Werden Sie schnell ungeduldig, kann das einerseits bedeuten, dass Sie sich nur schwer länger auf eine Sache konzentrieren oder sich beherrschen können und dass Sie deshalb kein gutes Durchhaltevermögen haben. Auf der anderen Seite erzielen Sie vielleicht schnelle Ergebnisse, konzentrieren sich auf das Wesentliche, haben ein gutes Zeitmanagement, brauchen immer etwas zu tun und erarbeiten sich auf diese Weise Wettbewerbsvorteile in einem kompetitiven Umfeld.

Selbst wenn Sie über zu wenig Empathie verfügen und sich nicht besonders gut in andere hineinversetzen können oder sogar genervt sind, wenn Menschen in Ihrem Umfeld zu viel über ihre Probleme reden, können darin positive Eigenschaften verborgen liegen. Allgemein verbessert Empathie die Qualität zwischenmenschlicher Beziehungen und ihre Abwesenheit könnte ein Hinweis auf geringe soziale Fähigkeiten sein. Andererseits sind Sie dadurch vielleicht entscheidungsstark, weil Sie sich auf Fakten beziehen und streng logisch vorgehen. Oder Sie sind risikobereiter als andere Menschen, weil Sie unabhängiger von den Bedenken und Warnungen Ihres Umfelds agieren oder sich nicht von eigenen Sorgen und Ängsten bremsen lassen.

Sie sehen, für den konstruktiven Umgang mit den eigenen Schwächen ist es wichtig, auch deren Vorzüge herauszuarbeiten. Für alle Schwächen gilt: Leben Sie sie nicht im Übermaß aus. So verhindern Sie, dass Sie als kritischer Mensch das Vertrauen Ihrer Mitmenschen verlieren, als ungeduldige Person übereilte Entscheidungen fällen und viele Flüchtigkeitsfehler machen oder als jemand mit wenig Empathie dauerhaft in zwischenmenschliche Konflikte geraten. Versuchen Sie stattdessen, einen offenen Umgang mit Ihren vermeintlichen Schwächen zu finden, laden Sie andere ein, Sie zu stoppen, wenn die Pferde mit Ihnen durchgehen, und investieren Sie Ihre Energie in die darin verborgenen Stärken.

Werte benennen

Werte sind wie Leitsterne, die den Kurs für Ihre Entscheidungen und Ihr Handeln setzen, Orientierung und Stabilität bieten und in schwierigen Situationen für Motivation sorgen. Sind Ihnen zum Beispiel tugendhaftes Verhalten, Freundlichkeit und Nächstenliebe besonders wichtig, werden Sie Ihren Mitmenschen nur schwer einen Gefallen abschlagen können und sich schlecht fühlen, wenn Sie sich abweisend verhalten. Andersherum wird es Ihnen nicht gut gehen oder Sie sogar ärgern, wenn andere nicht höflich mit Ihnen umgehen.

Im beruflichen Kontext hat die Klarheit über die eigenen Werte eine besonders große Bedeutung. Kein Job – ganz gleich, wie gut die Tätigkeit zu Ihnen passen mag – wird Sie zufriedenstellen, wenn er von Ihnen verlangt, Ihre Werte zu verletzen oder zu verraten.

Wenn wir nicht wertekongruent arbeiten, bringt uns das in einen dauerhaften Konflikt zwischen persönlichen Werten und Karriereentscheidungen und verschlechtert die Work-Life-Balance. Beziehungen, in denen es große Wertedifferenzen gibt, funktionieren nur selten, und für die damit verbundenen Konflikte gibt es keine guten Lösungen.

Ähnlich wie bei den Stärken unterscheiden viele Menschen zwischen »privaten« und »beruflichen« Werten. Es kann zwar sein, dass die Prioritäten der Werte in den Bereichen verschieden sind. Mir ist allerdings noch nie ein Mensch begegnet, der beruflich Werte verfolgte, die ihm privat zuwider waren oder umgekehrt. Die eigenen Werte definieren wir als der Mensch, der wir sind, und nicht aus einer bestimmten Rolle heraus. Erst wenn die Berufsentscheidungen mit den eigenen Werten übereinstimmen, erfahren wir ein Gefühl von Authentizität und Integrität.

So verhielt es sich bei einer Klientin, Anfang 40, die in der Personalsachbearbeitung eines großen Konzerns arbeitete. Ihre Werte – unter anderem Beziehungen, Intensität und Tiefgang – verrieten, dass sie sich mehr Austausch und mehr Nähe zu Menschen wünschte. Jeden Tag fragte sie sich, welche persönlichen Geschichten sich hinter den dürren Fakten in den Personalakten verbargen. Nach und nach übernahm sie zusätzlich zu ihren administrativen auch beratende und betreuende Funktionen. Sie nutzte ihr Wissen und ihre Fähigkeiten sowie ihr Netzwerk aus der langen Betriebszugehörigkeit (ihr Human- und Sozialkapital) und stand als Ansprechpartnerin für Themen wie Urlaubsplanung, Weiterbildung und andere arbeitsbezogene Belange zur Verfügung. Für ihre langfristige Karriereentwicklung fasste sie die Rolle der HR-Businesspartnerin ins Auge und absolvierte dafür eine Weiterbildung im Bereich Arbeits- und Organisationspsychologie sowie eine Ausbildung zur Business-Coachin.

Um Ihren Werten auf den Grund zu gehen, können Sie frei reflektieren, was Ihnen im Leben besonders wichtig ist und welche Prioritäten

Sie setzen – denn unbewusst haben Ihre Werte garantiert einen Anteil daran. Ein Mensch, der seinen Nächsten viel Zeit widmet und sich vor allem um die Pflege seiner Freundschaften kümmert, priorisiert höchstwahrscheinlich Werte wie Beziehungen, Liebe, Familie oder Gemeinschaft. Verbringt eine Person überproportional viel Zeit mit ihrer Arbeit, könnte das ein Hinweis auf die Werte Ehrgeiz, Disziplin, Sicherheit und Wohlstand oder Bedeutsamkeit sein.

Lassen Sie wichtige Ereignisse, Erfahrungen oder Entscheidungen Ihres Lebens Revue passieren und fragen Sie sich, welche Werte Sie damals gelenkt haben. Auch Ihr Verhalten in schwierigen Situationen oder Ihr Umgang mit kniffligen Lebensfragen geben wichtige Hinweise zu Ihren Werten. Darüber hinaus liefern Begebenheiten und Verhaltensweisen, die Sie wütend machen, Hinweise auf Werte, die nicht verletzt werden dürfen. Wenn Sie beispielsweise Streitigkeiten ablehnen und Konflikte eher vermeiden, verbirgt sich dahinter der Wert Harmonie; wenn Sie sich regelmäßig über Unordnung aufregen, ist Ihnen der Wert Ordnung wichtig. Um mehr über Ihre Werte zu erfahren, können Sie Listen mit Werten durchgehen und dabei beobachten, welche eine besonders starke emotionale Reaktion hervorrufen. Sie sollten dabei nicht mehr als fünf Werte priorisieren.

Im Laufe eines Lebens verändert sich, was uns wichtig ist: Wo früher einmal Unabhängigkeit und Wohlstand für uns erstrebenswert waren und zu hohem beruflichen Ehrgeiz führten, schoben sich ab einem gewissen Alter womöglich Familie und Sicherheit in den Vordergrund, was eine gute Balance zwischen Arbeits- und Privatleben wichtiger werden lässt – oder umgekehrt. Ein Grund mehr, unsere Werte ab und zu neu zu bestimmen, um die aktuelle berufliche Situation entsprechend anpassen zu können.

Interessen aufzählen

Die Vorliebe für bestimmte Beschäftigungen, Aktivitäten, Inhalte oder Herausforderungen geht mit der Bereitschaft einher, Zeit und Energie in die entsprechende Richtung zu lenken.

> **Immer, wenn wir etwas gerne tun, haben wir das Gefühl, ganz wir selbst zu sein. In den Momenten der Freude stellen wir unseren Selbstwert nicht infrage.**

Insofern enthalten die eigenen Interessen immer weiterführende Informationen über unsere Persönlichkeit.

Treiben Sie gerne Sport, erkennen Sie vielleicht Eigenschaften wie Wettbewerbsorientierung, Drang nach Aktivität, Spieltrieb, Zielorientierung oder Disziplin in sich. Vermutlich verfügen Sie über körperliche Fitness und ein gutes Durchhaltevermögen und haben sich Fachwissen über physische Funktionen angeeignet. Wenn Sie gerne künstlerisch tätig sind, ist es vermutlich Ihre kreative Ader, die sich den Weg bahnt, Ihren Sinn für Ästhetik, Form und Farbe offenbart und Ihrem Talent für Kunst und Gestaltung Ausdruck verleiht.

Gilt Ihr Interesse Beschäftigungen wie Meditation und Yoga, kann das auf ein Bedürfnis nach Entspannung und Stressabbau hindeuten, Aufschluss über Ihre holistische Lebenseinstellung geben, Ihre spirituelle Haltung widerspiegeln und auf Werte wie Achtsamkeit, Ausgeglichenheit, Transzendenz und Wachstum verweisen. Verbringen Sie vorrangig Zeit mit Ihrer Familie – und tun dies gerne und freiwillig –, sind Sie wahrscheinlich familienorientiert, verantwortungsbewusst und sozial. Wahrscheinlich sind Ihnen Werte wie Zusammenhalt, Loyalität oder Tradition wichtig.

Ein Interesse für Philosophie lässt vermuten, dass Sie analytisch sind, die Fähigkeit haben, sich mit komplexen Fragen auseinanderzusetzen, und zu kritischem Denken neigen. Vielleicht hinterfragen Sie das Leben, reflektieren gerne und lieben es, einen Sachverhalt aus verschiedenen Perspektiven zu betrachten. Eventuell spielen Werte wie Wahrheit, Freiheit, Toleranz und Gerechtigkeit für Sie eine große Rolle.

Ich erlebe immer wieder Klient*innen, die wichtige Vorlieben mit dem Argument »Das ist kein richtiges Hobby« unter den Tisch fallen lassen. Diese Aussage bezieht sich typischerweise auf Interessen wie »Sich mit Freunden treffen«, »Social Media durchstöbern« oder »Amerikanische Serien schauen«. Doch auch daraus lassen sich Persönlichkeitsmerkmale ableiten. Wenn Sie zum Beispiel gut zuhören können, häufig um Rat gefragt werden oder für Stimmung sorgen und andere mitreißen können, sind Sie ein Organisationstalent und die ideale Person, um Unternehmungen zu planen.

Wenn Sie sich auch online für die Komplexität von Charakteren interessieren oder es lieben, deren Interaktionen und ihr Gruppenverhalten zu reflektieren, dann könnte das ein Hinweis auf ausgeprägte Empathie oder das Interesse für Psychologie sein. Vielleicht offenbart sich im Binge-Watching Ihr Faible für unterschiedliche Kulturen und außergewöhnliche Lebensmodelle. Oder Sie haben ein hohes Maß an Fantasie, Begeisterungsfähigkeit und Neugierde auf Erfahrungen, die sich von Ihrem eigenen Leben unterscheiden.

In unterschiedlichen Lebensphasen gibt es je nach Alter, persönlicher Entwicklung und Reife unterschiedliche Schwerpunkte, und unsere Interessen können sich entsprechend ändern. In der Jugendzeit werden Beziehungen und das Konzept sozialer Zugehörigkeit sehr wichtig. Heranwachsende neigen dazu, sich unter dem Einfluss neuer Freundschaften auch in Bezug auf ihre Interessen anzupassen. Sie möchten in der Gruppe akzeptiert werden. Viele Jugendliche distanzieren sich von ihrem kindlichen Ich und verfolgen Interessen, die nach ihrer Einschätzung besser zu ihrem neuen Selbstbild passen. In meinen Beratungen spielen diese in der Pubertät fallen gelassenen Interessen für den Prozess beruflicher Veränderung oft eine entscheidende Rolle.

> **Wenn wir zurück in die Kindheit schauen, stoßen wir häufig auf Interessen, die Hinweise auf die wahren Leidenschaften geben. Diese wieder ins Erwachsenenleben einzubinden, kann für mehr Authentizität und ein Gefühl von Stimmigkeit sorgen.**

Außerdem können unsere frühen Interessen Hinweise auf Fähigkeiten und Talente sein, die wir bereits in der Kindheit entwickelt haben und heute nutzen können. Immer wieder höre ich in der Biografiearbeit Geschichten wie die folgende, weshalb ich auch Ihnen rate, über die Interessen in Ihrer Kindheit nachzudenken:

»Wenn ich mich in meine Kindheit zurückversetze, war ich eigentlich ein eher introvertiertes Mädchen, das am liebsten in seinem Zimmer war, gelesen und so vor sich hin gebastelt hat. Ich war kreativ, habe Musik oder Hörspiele gehört und alles Mögliche sortiert. In der Grundschule habe ich liebend gerne Hausaufgaben gemacht und fand es toll, meine Schulunterlagen zu ordnen und kommende Wochen zu planen.« So erzählte es eine Klientin, Ende 30. Sie war zum Zeitpunkt ihrer Beratung im Bereich Customer Excellence tätig und in enger Zusammenarbeit mit ihren Kund*innen dafür verantwortlich, dass diese mit der angebotenen Dienstleistung zufrieden und erfolgreich sind. Sie war die erste Kontaktperson für Fragen oder Probleme und bearbeitete ganztägig Anfragen und Beschwerden am Telefon, die sie dann im Unternehmen weitergab.

Obgleich sie das Unternehmen, die Dienstleistung, ihre Abteilung, die Werte und ihre Kolleg*innen sehr mochte, fühlte sie sich am Ende des Tages ausgelaugt. Nach ihrer Beratung verschob sie den inhaltlichen Schwerpunkt ihrer Verantwortung von der direkten Kundenkommunikation hin zur konzeptionellen Gestaltung, um die Kundenerfahrung zu verbessern. In enger Zusammenarbeit mit Mitarbeitenden aus den Bereichen Technik und Design überwacht und analysiert sie nun das Kundenfeedback, bringt ihre langjährige Erfahrung aus den Telefonaten ein und entwickelt Strategien und Maßnahmen zur Verbesserung von Customer Journey und Benutzerfreundlichkeit. Innerlich fühlt es sich für sie ein bisschen so an wie damals im Kinderzimmer: gestalten, planen, sortieren, einordnen.

Für die Vorbereitung auf spätere Schritte des Job-Crafting-Prozesses sind an dieser Stelle die Fragen hilfreich, welche Menschen Sie interessieren, welche Arten von Persönlichkeiten Sie faszinieren und was Menschen auszeichnet, mit denen Sie besonders gerne und gut zusammenarbeiten.

Persönliche Motivatoren erkennen

Ihre Motivatoren geben Auskunft darüber, ob Sie die innere Frage nach der Lust, etwas zu tun und etwas zu leisten, mit einem überzeugenden »Ja!« beantworten. Wenn die Bedingungen Ihrer persönlichen Motivatoren erfüllt sind, machen Sie sich beherzt und ohne viel nachzudenken ans Werk. Sie müssen nicht überredet werden, sondern setzen sich gerne Ziele und Ihre Lust am Tun wird verstärkt. Für die eine sind es Wettbewerb und Macht, während ein anderer sich bei sozialen Aufgaben im Team besonders motiviert fühlt. Ist zum Beispiel Einflussnahme ein wichtiger Motivator für Sie, laufen Sie zu Hochform auf, wenn Sie Verantwortung übernehmen können, die Kontrolle haben und es immer neue Herausforderungen gibt. Es liegt Ihnen, für Ihre

Überzeugungen einzustehen, Sie verfügen über einen hohen Ehrgeiz und Leistungswillen.

Manche Motivatoren stehen sich diametral gegenüber. Während es bei herausforderungsmotivierten Menschen vor allem die schweren Aufgaben oder das unbekannte Terrain sind, die einen besonderen Reiz und Leistungswillen auslösen, ist die Motivation bei routinemotivierten Personen in angst- und stressfreien, berechenbaren und stabilen Situationen hoch ausgeprägt. Hören beide Personen, eine Aufgabe sei zu schwierig oder sie könnten etwas nicht stemmen, spornen diese Widrigkeiten die erste besonders an, während die zweite dadurch wahrscheinlich entmutigt wird.

Daran sieht man, wie unterschiedlich sich die Motivatoren auf unsere Wahrnehmung und unser Verhalten auswirken können. Wer beziehungsmotiviert ist, braucht Kontakt, Nähe, Begegnung und Verbindung, um die Lust, etwas zu leisten, zu verspüren. Der Fokus dieser Menschen liegt auf dem Anschluss an und die Bindung zu anderen Menschen, im Austausch mit anderen setzen sie gerne ihr volles Potenzial frei. Wer vorbereitungsmotiviert ist, sollte keinen Job wählen, in dem es aufs Improvisieren ankommt, und wer unabhängigkeitsmotiviert ist, braucht viel Freiheit beim Arbeiten.

Finden Sie heraus, was Sie besonders zum Handeln antreibt, denn bereits kleine Veränderungen Ihres Umfeldes zugunsten Ihrer Motivatoren bewirken Wunder, wenn es darum geht, sich im Job wieder mit größerer Freude zu engagieren. Darauf werde ich an anderer Stelle noch ausführlicher eingehen.

Ziele und Visionen klären

Persönliche Ziele und Visionen sind eng mit unserem Ehrgeiz und unserer Leistungsmotivation verbunden und daher eine wertvolle Erkenntnisquelle im Kontext beruflicher Veränderungen. Sie lassen zum einen Rückschlüsse auf unsere Persönlichkeit zu. Zum anderen gibt das Wissen um die eigenen Visionen und Ziele der Karriereentwicklung eine Richtung.

Eine von positiver Energie, Hoffnung und Vertrauen in die Zukunft geprägte Vision weist auf einen Menschen hin, der an das Gute glaubt und positive Veränderungen für möglich hält. Man könnte ihn als optimistisch bezeichnen. Eine Person, die sich in Zukunft als Unternehmerin sieht und bereits heute gut besuchte Vorträge zum Thema Führungsstärke hält, kann vermutlich andere inspirieren und motivieren, übernimmt gerne Verantwortung und möchte Veränderungen vorantreiben. Wer derart ambitionierte Ziele hat, kann als ehrgeizig, leistungsorientiert und fokussiert bezeichnet werden – eine Person, die sich innerlich motiviert oder sogar verpflichtet fühlt, ihr volles Potenzial zu entfalten.

Langfristige Ziele wie der Kauf einer Waldhütte nach der Pensionierung sind ein Hinweis auf Eigenschaften wie Geduld, Ausdauer oder hohes Engagement. Soziale Ziele wie »für Bildungsgerechtigkeit sorgen« stehen für Altruismus, Bescheidenheit, Emotionalität und Menschenliebe und dafür, dass sich diese Person gern für andere einsetzt. Wenn sich Ziele nicht in der Form kategorisieren lassen, sondern eher facettenreich sind und unterschiedlichste Lebensbereiche abdecken, deutet das auf eine besonders offene Persönlichkeit hin, die stets neue Erfahrungen sucht, unterschiedliche Perspektiven einnehmen möchte und den Status quo gerne infrage stellt.

Unangenehme Emotionen analysieren

Angst kann lähmen, Wut zu impulsiven Taten verleiten, Schuld unseren Selbstausdruck einschränken. Scham kann uns zum Rückzug zwingen und auf lange Sicht sogar einsam machen. Doch das geschieht nur, wenn man die Botschaft dieser Emotionen nicht entschlüsselt. Ich möchte mit der Vorstellung aufräumen, dass es gute und schlechte Gefühle gibt. Das Gefühl der Freude ist ebenso »richtig« und »gut« wie das Gefühl der Traurigkeit. Beide helfen uns, uns selbst besser zu verstehen und mehr Klarheit über unsere Bedürfnisse zu gewinnen. Besonders die als unangenehm erlebten Gefühle geben Hinweise auf unsere Persönlichkeit, weil sie uns anzeigen, wo unser Selbstausdruck im Leben verhindert wird oder wo das Leben im Moment (noch) nicht authentisch ist.

Diese unerwünschten Emotionen zeigen uns, was uns fehlt, was wir brauchen, was wir wollen und was wir ändern sollten, und geben uns, meist, ohne dass es uns bewusst ist, die Richtung vor, in die wir uns entwickeln können. Sie sagen, ob wir uns zu etwas hin- oder von etwas wegbewegen sollten, ob uns etwas guttut oder eher schadet. Das kann ein Mensch sein, ein Umfeld, eine Aufgabe oder unsere eigene Sicht auf die Dinge, unsere Gedanken.

Wer sich seinen Gefühlen widmet und ihre Botschaft versteht, kann sogar Angst oder Scham als wertvollen Ratgeber für ein authentisches und oft leichteres Leben einsetzen.

Ich erinnere mich an einen Oberstufenlehrer, Mitte 40, der in seinem Arbeitsalltag immer wieder das Gefühl der Scham empfand. Es lähmte ihn zunehmend und der Wunsch, sich zurückzuziehen, wurde immer größer. Scham tritt häufig dann auf, wenn wir das Gefühl haben, in unserer Identität nicht richtig oder nicht gut genug zu sein. Sie zeigt uns aber auch, wer wir sein wollen und wohin wir uns entwickeln können. Im Fall des Lehrers wies sie auf mehrere Dinge hin: erstens auf seine perfektionistische Veranlagung, zweitens auf sein gering ausgeprägtes Selbstwertgefühl und drittens auf die übernommenen Glaubenssätze seines Elternhauses.

Mein Klient hatte unrealistisch hohe Erwartungen an sich selbst, setzte sich damit ungemein unter Druck und war übermäßig selbstkritisch. Gleichzeitig war das Gefühl Ausdruck seines hohen Qualitätsanspruchs, seines Bedürfnisses, immer up to date zu bleiben, und seiner sozialen Einstellung. Er fühlte sich innerlich verpflichtet, sich selbst stetig weiterzuentwickeln, und wollte seinen Teil dazu beitragen, die Welt zu einem besseren Ort zu machen. Gemessen an seinen Ansprüchen genügte er sich selbst als Lehrer nicht, weshalb er sich konstant schämte. In seiner Familie hatten Lehrkräfte zudem einen schlechten Ruf, was das Gefühl, »nicht gut genug« zu sein, noch förderte.

In den Monaten nach der Beratung arbeitete er an seinem Selbstbild und entwickelte realistischere Erwartungen. Er nahm seine Ansprüche weiterhin ernst und gestaltete seine Position so, dass er in seinen Augen ein guter Lehrer war. Er besuchte Fortbildungen für die digitale Lehre, experimentierte mit ausgefallenen Unterrichtsmethoden und etablierte das projektbasierte Lernen. Er ließ seine Schüler*innen einen Podcast produzieren, organisierte Bildungsexkursionen, führte die Werkzeuge des Mindmappings und kreativen Schreibens ein und gründete eine Arbeitsgemeinschaft zur Begrünung und nachhaltigen Pflege des Schulgeländes. Indem er erkannte, wie sich die Scham in seinem Arbeitsalltag zeigte, und verstand, welche Ziele und Visionen sich dahinter verbargen, konnte er seinen Job so umgestalten, dass er sich mit derselben Tätigkeit authentischer, erfüllter und glücklicher fühlte.

Menschen haben oft ein »favorisiertes« unangenehmes Gefühl. Manche reagieren in stressigen oder unliebsamen Situationen vor allem mit Angst, andere spüren vornehmlich Trauer oder Enttäuschung, wiederum andere wissen besonders gut, wie sich Ärger, Groll und Wut anfühlen. Neben dem Einblick in bestimmte Persönlichkeitseigenschaften liefern dieses Gefühlszustände auch Hinweise auf innere Bedürfnisse.

Angst könnte ein Hinweis darauf sein, dass Sie ein gutes Risikobewusstsein, ein hohes Bedürfnis nach Sicherheit, Schutz und Kontrolle haben, zu innerer Unsicherheit neigen oder einen Mangel an Selbstvertrauen in Bezug auf Ihre eigenen Fähigkeiten verspüren. Die Situation, in der Sie Angst verspüren, kann weitere Persönlichkeitseigenschaften oder Bedürfnisse offenbaren. Fürchten Sie sich zum Beispiel davor, Präsentationen vor mehreren Menschen zu halten, dann sind Sie vermutlich schüchtern und äußern Ihre Meinung nicht so gerne vor Publikum. Oder Sie sind bescheiden und sorgen sich ein bisschen zu sehr darum, was andere Menschen über Sie denken könnten.

Vielleicht sind Sie auch perfektionistisch und meiden Situationen, in denen Sie öffentlich Fehler machen, sich blamieren oder scheitern könnten. Angst kann aber auch darauf hindeuten, dass Sie eher vorsichtig, überlegt, selbstkontrolliert und achtsam sind, das eigene Denken und Handeln reflektieren und sich anderen Menschen gegenüber respektvoll verhalten. Über die Angst zeigt Ihnen Ihr Inneres, dass Sie sich um Ihr Sicherheitsbedürfnis kümmern sollten. Das kann Ihnen beispielsweise über die Stärkung Ihres Selbstwertgefühls gelingen, möglicherweise hilft auch die gründlichere Vorbereitung auf herausfordernde Situationen; oder aber es ist an der Zeit, sich tiefer gehend mit Ihren Angstthemen auseinanderzusetzen.

Auch Langeweile kann ein Gefühl sein, das Ihnen etwas mitteilen will. Sie sagt Ihnen, dass Ihre derzeitige Situation Ihr Bedürfnis nach Freiheit, Abwechslung, Kreativität, Vielfalt, Interessens- oder Erlebnisorientierung nicht stillt. Vielleicht sind Sie besonders neugierig, flexibel, abenteuerlustig oder handlungsorientiert und durch herausfordernde Aufgaben viel mehr motiviert als durch Routinearbeiten. Sie streben danach, sich selbst stetig weiterzuentwickeln, und lieben es, unter Leuten zu sein. Langeweile kann aber auch darauf hindeuten, dass Sie nicht achtsam genug sind, was es Ihnen schwer macht, den gegenwärtigen Moment adäquat wahrzunehmen und zu schätzen.

Schuldgefühle weisen meist auf ein starkes Verantwortungsbewusstsein hin. Sie sind vermutlich sehr selbstreflektiert, werteorientiert, empathisch und gewissenhaft, haben perfektionistische Tendenzen und ein moralisches Pflichtgefühl. Ihr Anspruch an tugendhaftes Verhalten ist hoch und Sie sind sensibel. Sie bringen Menschen Respekt entgegen, fühlen sich schnell für das Wohlergehen anderer verantwortlich und es fällt Ihnen leicht, deren Bedürfnisse zu erkennen. Außerdem sind Sie sehr an kontinuierlicher Weiterentwicklung interessiert. Das Schuldempfinden ist ein Indiz für Ihr Gefühl, sich nicht richtig oder nicht gut genug verhalten zu haben.

Wut kann auf eine hohe Selbstwirksamkeit, viel Energie und Unabhängigkeitsstreben, Leidenschaft, Veränderungsbereitschaft, Mut und den Wunsch nach Eigenverantwortung zurückzuführen sein. Sie kann auch auf Ehrgeiz und ein Bedürfnis nach Zielerreichung und Kontrolle hinweisen. Menschen, die häufig wütend werden, haben meist einen ausgeprägten Gerechtigkeitssinn und viel Durchsetzungskraft. Doch auch Eigenschaften wie eine gewisse Empfindlichkeit, ein erhöhtes Schutzbedürfnis, mangelnde Impulskontrolle, Ungeduld oder die ungenügende Auseinandersetzung mit den eigenen Bedürfnissen können Wut nach sich ziehen. Ein Frustrationsgefühl entsteht, wenn Sie wütend sind und sich gleichzeitig als ohnmächtig erleben. Im Hinblick auf berufliche Unzufriedenheit zeigt Ihnen dieses Gefühl, an welcher Stelle es sich lohnen würde, wieder mehr Verantwortung für Ihr Handeln zu übernehmen, um aus dem Gefühl des »Feststeckens« und »Ausgeliefertseins« herauszukommen.

Trauer als vorrangiges Gefühl taucht häufig bei Menschen auf, die selbstreflektiert, sensibel und empathisch sind, eine starke emotionale Verbundenheit zu Menschen oder Dingen spüren, Gruppenzugehörigkeit brauchen, einen ausgeprägten moralischen Kompass oder ein hohes Bestreben nach Sinnerfüllung haben. Auf der anderen Seite kann häufige Trauer auf mangelnde Selbstachtung, Pessimismus, Angst vor Veränderung, Verlustangst oder eine fehlende Perspektive für die Zukunft hinweisen.

Neid ist eine besonders interessante Emotion, wie ich finde, weil sie viel über unser Bedürfnis nach Selbstentfaltung verrät. Neid kann Eigenschaften wie Ehrgeiz, Zielorientierung, Leidenschaft, Wettbewerbsfähigkeit, Hartnäckigkeit und Engagement offenbaren, aber auch Konkurrenzdenken, Konfliktscheu oder mangelnde Wertschätzung für eigene Fähigkeiten und Talente. Interessant ist zudem die Frage, worauf genau wir neidisch sind und was dieses starke Gefühl in uns auslöst. Was zeichnet einen Menschen aus, auf den Sie neidisch sind? Haben Sie beispielsweise das Bedürfnis nach Erfolg, Kreativität, Beliebtheit, Geduld, Gesundheit, Empathie oder Selbstbewusstsein?

Das Fremdbild: Die Sicht der anderen

Ihr Selbstbild beinhaltet alles, was Sie in sich selbst sehen, wie Sie sich betrachten und beschreiben. Ihr Fremdbild setzt sich aus den Vorstellungen und Eindrücken zusammen, die eine andere Person von Ihnen hat. Es wird zum einen durch die Persönlichkeit, Erfahrungen und Einstellungen des Gegenübers und zum anderen durch die gemeinsame Beziehungshistorie geprägt. Sie können das Bild, das andere von Ihnen haben, als ein Feedback an Sie verstehen. Es gibt nicht nur Hinweise auf die Erwartungen, die Ihr Umfeld Ihnen gegenüber hat, sondern beeinflusst auch, wie Sie sich im Zusammensein mit anderen fühlen und verhalten. Entsprechend wirkt Ihr Fremdbild auf Ihren Umgang mit sich selbst und mit anderen ein. Zusätzlich zur Selbstbeschreibung ist das Einholen eines Fremdbildes ein wichtiger Teil der Persönlichkeitsanalyse, da es die Sichtweise auf unsere Person erweitert und objektiviert.

Selbst- und Fremdbild beeinflussen und verändern sich gegenseitig. Meist sind sie nicht deckungsgleich, da wir zu blinden Flecken neigen, wenn es um die eigene Person geht. Der blinde Fleck beschreibt jene Eigenschaften oder Fähigkeiten, die uns selbst nicht bewusst sind, die andere aber sehr wohl an uns wahrnehmen, sodass Fremd- und Selbstwahrnehmung hier voneinander abweichen.

Vielleicht nehmen Sie sich selbst als schüchtern und unsicher wahr, andere spiegeln Ihnen jedoch, dass Sie besonders hilfsbereit und einfühlsam sind. Oder: Sie empfinden sich im Vergleich zu Ihren Arbeitskolleg*innen als nichts Besonderes, Ihr Umfeld lobt hingegen Ihre sehr guten Vortragsfähigkeiten und beschreibt Sie als charismatisch und inspirierend. Doch auch eine Über- oder Unterschätzung der eigenen Eigenschaften kann zu einem blinden Fleck werden. Vielleicht wird Ihnen gespiegelt, dass Sie ein einschüchterndes, kontrollierendes oder dominantes Verhalten an den Tag legen, während Sie selbst davon überzeugt sind, einfach nur gut organisiert und effizient zu sein. Sie halten sich für sehr humorvoll, während Ihr Gegenüber sich durch Ihre Witze angegriffen oder verletzt fühlt. Oder: Sie wirken unorganisiert und chaotisch auf Ihre Mitmenschen, obwohl Sie sich für flexibel, spontan und unkompliziert halten.

Weichen beide Wahrnehmungen deutlich voneinander ab, spricht man von einer Selbstbild-Fremdbild-Inkongruenz, die sowohl die eigene Leistungsfähigkeit als auch die Karrierechancen maßgeblich beeinflusst. Eine Diskrepanz führt zu Fehleinschätzungen und Kommunikationsproblemen. So kann eine Person, die ihr Leistungspotenzial überschätzt, dazu neigen, sich Projekte zu suchen, denen sie nicht gewachsen ist. In der Folge muss sie unverhältnismäßig viel Kraft in diese Aufgaben investieren, ohne je wirklich erfolgreich zu sein. Sie könnte von anderen als inkompetent, anmaßend oder unauthentisch wahrgenommen werden. Beides macht es schwierig, im Job voranzukommen.

Umgekehrt könnte eine chronische Selbstunterschätzung einer Person Schwierigkeiten bereiten, wenn es darum geht, souverän zu präsentieren, Karrierechancen zu erkennen, gute Entscheidungen zu treffen und sich gemäß dem eigenen Potenzial weiterzuentwickeln. In der Beziehung mit dieser Person könnte irgendwann ein Störgefühl entstehen, weil man sie einerseits für kompetent hält, andererseits aber sieht, wie unsicher sie ist. Infolgedessen würde man ihr im Laufe der Zusammenarbeit immer weniger Verantwortlichkeiten übertragen. Ein Coaching kann helfen, die Diskrepanz zwischen Selbst- und Fremdbild zu verringern. Im besten Fall stimmen Selbst- und Fremdbild weitgehend überein. Dann kann man von einem realistischen Selbstbild sprechen.

Wenn andere uns so sehen, wie wir uns selbst, können wir uns am Arbeitsplatz einen authentischen Selbstausdruck verleihen und voll in der eigenen Kraft sein.

Sollten Sie sich realistisch einschätzen, aber das Fremdbild offenlegen, dass Menschen in Ihrem beruflichen Umfeld Sie nicht erkennen oder fundamental missverstehen, kann diese Erkenntnis dazu führen, Arbeitsbeziehungen aktiv neu zu gestalten – oder zu beenden.

Um sich Ihrem Fremdbild zu nähern, fragen Sie im beruflichen und privaten Netzwerk gezielt nach Feedback zur eigenen Persönlichkeit. Im besten Fall bekleiden die angefragten Personen unterschiedliche Rollen in Ihrem Leben und stammen aus verschiedenen Kontexten (Freundeskreis, Familie, Freizeitgestaltung, Arbeitsumfeld). Es ist wichtig, dass zwischen Ihnen und diesen Personen ein Vertrauensverhältnis besteht und die Beziehung so gut ist, dass Sie sich auch nach einem solchen Gespräch oder E-Mail-Kontakt miteinander austauschen können, falls die Antworten in Ihnen nachwirken. Ihr professionelles Fremdbild spiegelt sich auch in Dokumenten. Suchen Sie dafür zwei oder drei Arbeitszeugnisse oder Empfehlungsschreiben zusammen, die Sie im Laufe Ihres Lebens erhalten haben, und markieren Sie jene Beschreibungen, die so individuell sind, dass Sie Ihnen wichtig erscheinen.

Biografie beleuchten

Indem Sie die eigene Lebensgeschichte reflektieren und wichtige Lebensentscheidungen analysieren, offenbaren sich Ihnen Muster und Zusammenhänge, die ausschlaggebend für Ihren individuellen Charakter sind. Um zu verstehen, wer Sie sind, wenn Sie authentisch leben, können Sie sich positive Erlebnisse oder Phasen bewusst machen, in denen Sie voll in Ihrer Kraft standen, erfolgreich waren oder sich beflügelt und glücklich fühlten. Aber auch ein Blick auf Ihre größten Misserfolge, schwierige Phasen und bedeutsame Entscheidungen in Krisen lohnt sich. Sie können aus Ihrer heutigen Perspektive einerseits eruieren, warum diese Zeiten schwer für Sie waren – was daran nicht stimmig mit Ihrer Persönlichkeit war –, andererseits können Sie Erkenntnisse ableiten, welche Ressourcen und Talente Sie genutzt haben, um gute Entscheidungen zu treffen, Ihre Probleme zu lösen und sich wieder zufriedener zu fühlen.

Die Biografiearbeit gibt Ihnen die Möglichkeit, Ihre bewussten und unbewussten Lebensmotive voneinander zu unterscheiden, indem Sie herausfinden, welche ursprünglichen Wünsche Motivation für Ihr Handeln waren.

Sie können auch einen Brief an Ihr jüngeres Ich schreiben, in dem Sie ihm aus heutiger Perspektive Tipps geben oder Ihre Bewunderung aussprechen. Ein solcher Brief appelliert an die tief verborgenen Ressourcen, die Ihnen auch heute noch zur Problemlösung zur Verfügung stehen. Er kann außerdem dazu beitragen, Ihr jüngeres Ich mit wohlwollenderen Augen zu betrachten und auf diese Weise neues Mitgefühl für sich und Ihr Verhalten in der Vergangenheit zu entwickeln.

Ein Jurastudent im 13. Semester klagte in der Beratung über Motivationsverlust. Die meisten seiner Kommiliton*innen hatten das erste Staatsexamen bereits nach zehn Semestern absolviert und waren mit ihrem zweijährigen Rechtsreferendariat fast fertig. Mein Klient wollte das Jurastudium aber nicht aufgeben, denn er hatte sich fest vorgenommen, später als Anwalt für Familienrecht zu arbeiten. Neben verschiedenen methodischen Übungen zur Steigerung seiner Lerndisziplin (klare Zieldefinition, Zeitmanagement, Priorisierung von Aufgaben) war es vor allem die Erinnerung an zwei biografische Ereignisse, die seine Motivation wiederbelebte.

Das intensive gedankliche Durchleben der Scheidung seiner Eltern und die Wut auf die damaligen Anwälte führten ihm erneut vor Augen, worin die übergeordnete Motivation für seine Studienwahl einst bestanden hatte: Er wollte es besser machen. Ein Familienanwalt, wie er ihn sich wünschte, würde neben der rechtlichen Beratung auch emotionale Unterstützung und Ratschläge zur Bewältigung der Herausforderungen anbieten, die mit dem Entwurf von Eheverträgen, einer Scheidung, Sorgerechtsfragen oder anderen familiären Streitigkeiten einhergehen.

Obgleich er fachlich interessiert und sehr gut war, machte ihm diese kooperative, altruistische und empathische Seite das Studium zuweilen schwer. Er investierte Zeit, die er eigentlich zum Lernen benötigte, in die Unterstützung seiner Freund*innen bei privaten und beruflichen Problemen. Außerdem erinnerte er sich an einen Umzug mit Schulwechsel, in dessen Folge er während der Sommerferien unheimlich viel Stoff nachholen musste. Indem er sich seine Talente, sich zu fokussieren, leistungsorientiert und gewissenhaft zu sein, bewusst machte, entwickelte er das Selbstvertrauen, diese Talente auch in der aktuellen Lebensphase wieder systematisch nutzen zu können. Die neue Perspektive auf seine Situation ließ ihn diszipliniert auf sein Erstes Staatsexamen hinarbeiten und es »voll befriedigend« abschließen – was unter Jurastudierenden einer ausgezeichneten Leistung entspricht.

In diesem Zusammenhang lohnt sich ein Blick auf unterschiedliche Rollen, die Sie in Ihrem Leben bereits eingenommen haben, verbunden mit der Frage, wie wohl Sie sich jeweils damit fühlten. Können Sie sich zum Beispiel mit der »Leistungsstarken«, dem »Klassenclown«, der »Gewieften«, dem »Allroundtalent«, der »Kreativen« oder dem »Friedliebenden« identifizieren? Welche Ihrer Persönlichkeitsmerkmale sind dafür verantwortlich und welche Fähigkeiten haben Sie dadurch über die Zeit ausgebildet?

Neben den Erkenntnissen, die die Biografiearbeit für die Beschreibung Ihrer Persönlichkeit bereithält, kann sie Ihnen helfen, eine tiefere Verbindung zu sich selbst herzustellen und das Verständnis für die eigenen Bedürfnisse, Wünsche, aber auch Kraftquellen und Ziele zu vertiefen.

Testverfahren durchführen

Psychologische Testverfahren können dabei helfen, sich selbst zu reflektieren und die eigene Persönlichkeit besser kennenzulernen. In Bezug auf Ihre berufliche Veränderung dienen Persönlichkeitstests vor allem der Identifikation Ihrer Stärken, der Förderung von Selbstreflexion und der Stärkung des Selbstvertrauens. Die Durchführung der Tests und das Durchlesen der Ergebnisse regen Sie dazu an, sich mit Ihren positiven Eigenschaften und Herausforderungen sowie Ihren Gedanken und Gefühlen auseinanderzusetzen. Indem Sie sich mit Ihren Stärken verbinden, werden Sie selbstsicherer in Ihrer Jobplanung, weil Sie die Motivation Ihres Denkens, Fühlens und Handelns verstehen und mit Ihren Bedürfnissen und Abneigungen in Kontakt kommen.

Persönlichkeitstests sind keine »Tests« im klassischen Sinne: Sie können weder eine schlechte Note erhalten noch durchfallen. Es geht auch nicht darum, etwas »richtig« zu machen, denn es gibt genauso wenig ein »Falsch«. Keine Persönlichkeit ist besser als die andere. Jede*r ist ein Individuum.

Nicht alle psychologischen Testverfahren sind gut und selbst die guten haben ihre Grenzen und Einschränkungen. Bereits beim Ausfüllen der Fragebögen sind Sie von vielen Faktoren beeinflusst, zum Beispiel von Ihrer Lebenssituation oder der Umgebung, in der Sie die Tests durchführen. Sie sollten die Unterlagen in einem möglichst stabilen und entspannten inneren Zustand bearbeiten und ehrlich Auskunft über sich geben. Es geht nicht darum, wie Sie vielleicht gerne *wären*, sondern wie Sie tatsächlich *sind*. Behalten Sie beim Ausfüllen immer im Kopf, dass die Kategorien »richtig« und »falsch« hier nicht existieren. Es geht ausschließlich darum, zu verstehen, nicht zu bewerten.

Persönlichkeitstests erfassen immer nur bestimmte Aspekte Ihres Wesens, kein einzelnes Testverfahren kann alle Ihre Facetten abbilden und Ihre gesamte Persönlichkeit beschreiben. Weil Ihre Persönlichkeit hoch komplex ist, sollten Sie niemals nur ein Testverfahren zu Rate ziehen und dann jedem Wort darin Glauben schenken. Wenden Sie mehrere Verfahren an, die sich auch gegenseitig widersprechen können, um dem eigenen Facettenreichtum auf den Grund zu gehen. Außerdem sollten Testverfahren nur in Kombination mit anderen Methoden zur Persönlichkeitsanalyse als Grundlage für Entscheidungen verwendet werden, wie zum Beispiel weiterführende Selbstreflexion, Recherche und Gespräche mit Expert*innen oder Freund*innen.

> **Betrachten Sie die Persönlichkeitsanalyse durch Testverfahren als ein Angebot, mit dem Sie arbeiten können und das Sie passend für sich individualisieren sollten. Ein Testergebnis ist kein Stempel, der Ihnen aufgedrückt wird, oder eine Schublade, in die Sie gesteckt werden sollen.**

Testergebnisse liefern keine absoluten Wahrheiten, sondern geben lediglich Wahrscheinlichkeiten und Schätzungen an. Sie können weder vorhersagen, noch beweisen, dass eine Person bestimmte Eigenschaften besitzt oder in einem bestimmten Bereich erfolgreich sein wird, sondern nur das aktuelle Verhalten und die Fähigkeiten einer Person erfassen. Und auch das ist nur eine Annäherung, die Sie im Ergebnis unbedingt kritisch überprüfen dürfen. Lesen Sie sich die Ergebnistexte durch und markieren Sie alles, was Ihrer Ansicht nach auf Sie zutrifft. Womit Sie sich nicht identifizieren können, das ignorieren Sie.

Achten Sie jedoch auf Ihre innere Reaktion auf die Ergebnisse. Denn Persönlichkeitsverfahren können auch zutage fördern, was uns bisher nicht bewusst war. Lösen Einzelheiten des Ergebnisses Gefühle wie Wut, Trauer, Verletzung, Gegenwehr oder Angst aus, kann das ein Hinweis auf ein tieferliegendes Thema sein. Der Persönlichkeitstest könnte in diesem Fall deutlich machen, was in Ihre Persönlichkeitsentwicklung integriert werden sollte. Es trifft uns nur, was uns in irgendeiner Weise betrifft. Starke negative Reaktionen weisen häufig auf nicht integrierte Persönlichkeitsanteile hin.

Ich erinnere mich an eine Projektmanagerin in einem Fitness-Start-up, Anfang 30, die auf Anraten der Gründerin zu uns in die Beratung kam. Sie befürchtete, dass sich ihre Mitarbeiterin auf ein Burn-out zubewegen könnte, auch weil sie diese im zwischenmenschlichen Kontakt als zunehmend gereizt und anstrengend empfand. Die Ergebnisse der Persönlichkeitstests beschrieben die Kundin als eine gewissenhafte, introvertierte Person mit einem hohen Aktivitätsniveau und ausgeprägten Umsetzungsstärken. Darin und im Bild der engagierten, loyalen, empathischen Kollegin, die, wie sie sagte, »ordentlich was wegschafft«, konnte sie sich gut erkennen und stimmte den Ergebnissen zu.

Ihre bewusst erlebten und von ihr ausdrücklich benannten Motive waren Leistung und Erfolg. Sie definierten zugleich ihr »Ideal-Selbst«. So wollte sie von anderen gesehen werden. Sie war perfektionistisch veranlagt und strengte sich dann besonders an, wenn sie das Gefühl hatte, einer Aufgabe nicht gewachsen zu sein. Sie wollte um jeden Preis mögliche Misserfolge vermeiden. Eine hohe Anzahl von Überstunden war für sie die Regel. Die darunter liegende und für sie selbst kaum erkennbare Motivation allerdings war ihr Bedürfnis nach Sicherheit. Die Testergebnisse zeigten darüber hinaus eine stark ausgeprägte Sensibilität, die mit erhöhter Anspannung, Ängstlichkeit und einem geringen Selbstwertgefühl einherging. Im Umgang mit Menschen, die wettbewerbsorientiert waren oder ihr nicht vertrauenswürdig erschienen (von denen es in der Start-up-Welt ihrer Meinung nach wimmelte), konnte sie kühl, trotzig und bisweilen sogar forsch sein.

Über diesen Teil der Testergebnisse war sie empört und goss ihre Enttäuschung in Vorwürfe an mich. Im Laufe der Beratung konnten wir erarbeiten, dass sie sich von den Testergebnissen nicht angegriffen fühlte, weil sie unzutreffend waren, sondern im Gegenteil: Sie beschrieben treffend den Teil ihrer Persönlichkeit, den sie nicht wahrhaben wollte, weil er nicht ihrem Wunschbild von sich selbst entsprach. Deshalb hatte sie ihn bisher immer unterdrückt. Er war quasi ihr blinder Fleck. Das übermäßige Arbeiten sollte die Unsicherheit kompensieren, was allerdings gemäß ihrer Persönlichkeit viel besser über ein adäquates Energiemanagement und das Gefühl von Schutz und Vertrauen zu erreichen sein würde. In Zusammenarbeit mit ihrer Chefin wurden ihr Verantwortungsbereich und ihre Stunden reduziert und sie ließ sich therapeutisch bei der Stärkung ihres Selbstwertgefühls begleiten. Die Überlegung, das Unternehmen zugunsten eines Arbeitsumfeldes zu wechseln, das durch mehr Struktur, feste Arbeitszeiten und weniger Wettbewerbsorientierung gekennzeichnet ist, konnte sie zunächst nicht zulassen.

Auf unserer Internetseite www.strussundclaussen.de/schnuppertest können Sie mit einem kostenfreien Schnuppertest Einblick in die Welt der Persönlichkeitstests nehmen und Spannendes über sich selbst erfahren.

Begleitung durch Coaching oder Therapie

Sollte es Ihnen schwerfallen, Ihre Person im inneren Dialog, im Austausch mit Feedback-Gebenden oder über Testverfahren zufriedenstellend zu beschreiben, könnte sich für Sie ein professionelles Coaching oder eine Therapie anbieten. Durch Interviews, Gespräche und Spiegelung des Coaches oder der Therapeutin könnten Sie eine noch bessere Selbsterkenntnis erlangen. Ein Coach ist geübt darin, Fühl-, Denk- und Verhaltensmuster sowie Sprachgewohnheiten, Körpersprache, Gestik und Mimik des Gegenübers zu identifizieren und daraus Rückschlüsse auf bestimmte Persönlichkeitseigenschaften zu ziehen. Ein Coaching kann beispielsweise dabei unterstützen, bisher unbekannte Ressourcen und Fähigkeiten zu entdecken oder den Blick auf bekannte Eigenschaften wertschätzender zu gestalten.

Unabhängig davon, welche Methode Sie wählen: Mit Ihrer Persönlichkeitsanalyse haben Sie den Grundstein für Ihr erfolgreiches Job Crafting gelegt.

Das fundierte Wissen um Ihre Persönlichkeit gibt Ihnen mehr Sicherheit und die nötige Motivation, um im nächsten Schritt Ihren Traumjob gemäß Ihrer Persönlichkeit zu definieren und passende Entscheidungen für Ihre Job-Crafting-Maßnahmen zu treffen.

Schritt drei: Der Blick nach außen – erforschen Sie Ihren Traumjob

In meinen Beratungen erlebe ich oft, dass Klient*innen bei der Definition ihres Traumjobs erneut in die »Ja, aber …«-Falle tappen. Durch Ängste, Selbstzweifel und limitierende Glaubenssätze nehmen sie sich die Chance, außerhalb des Gewohnten zu denken und neue Möglichkeiten in Betracht zu ziehen. Sie fühlen sich mit ihrem bisherigen Lebenslauf auf eine berufliche Richtung festgelegt, beziehen sich zu sehr auf ihre derzeitige Position oder orientieren sich an traditionellen Rollen und linearen Karriereverläufen.

In diesem Schritt des Job Crafting geht es jedoch nicht darum, Ihren inneren Realisten oder Ihre Bedenkenträgerin zu befragen, sondern darum, groß zu denken. Auf Basis der Ergebnisse Ihrer Persönlichkeitsanalyse widmen Sie sich einem kreativen Brainstorming und erstellen ein Jobprofil, das in größtmöglicher Übereinstimmung mit Ihrer Person steht – Sie erschaffen Ihren Traumjob. Er erfüllt alle Kriterien, die Sie brauchen, um wirklich happy mit Ihrem Job zu sein.

> **Ihr Traumjob dient als Referenzgröße, mit der Sie Ihren aktuellen Job in einem späteren Schritt vergleichen können, um herauszufinden, welche spezifischen Veränderungen Sie hin zu einer besseren Job-Person-Passung vornehmen sollten.**

Wer den Traumjob vor Augen hat, spürt, wie dringend eine Veränderung notwendig ist, und bekommt einen Motivationsschub – schließlich wissen Sie nun, wie sich Arbeit im besten Fall anfühlen könnte. In dieser Stimmung können Sie besser Prioritäten setzen und leichter Entscheidungen fällen, die sich auf die schrittweise Umgestaltung des derzeitigen Arbeitsverhältnisses beziehen. Wenn Sie eine klare Vorstellung Ihres idealen Jobs haben, wird es Ihnen leichter fallen, die Vision der eigenen Stelle mit Kolleg*innen, Vorgesetzten oder anderen

Beteiligten zu teilen, um von ihnen Verständnis und Unterstützung für die angestrebten Veränderungen zu erhalten. Selbst wenn Sie am Ende des Job-Crafting-Prozesses feststellen, dass Ihr Job nicht zu Ihrer Zufriedenheit umgestaltet werden kann, war dieser Schritt nicht umsonst. Die Definition Ihres Traumjobs ermöglicht es Ihnen, über den Tellerrand des derzeitigen Arbeitsverhältnisses zu schauen und eine langfristige Strategie für Ihre Karriereentwicklung gemäß Ihren Stärken, Interessen und Bedürfnissen zu entwickeln.

»Was würde ich tun, wenn Geld, Angst und das Urteil anderer keine Rolle spielen würden?« Mit Fragen wie dieser können Sie Ihre Fantasie ankurbeln und die inneren Hürden aus Kritik und Realismus überwinden. Manchen Klient*innen hilft es auch, an ein Wunder zu glauben, um berufliche Möglichkeiten für sich zu formulieren. Stellen Sie sich vor, Sie könnten nicht scheitern, sondern tatsächlich das tun, was am besten zu Ihnen passt – wie würde Ihr Arbeitstag dann konkret aussehen?

Natürlich können Ihre Antworten darauf so unrealistisch klingen, dass Sie sich gar nicht trauen, weiter in diese Richtung zu denken. Der Sinn dieses Job-Crafting-Schrittes besteht allerdings nicht darin, die Antworten wörtlich zu nehmen, es geht vielmehr darum, verborgene berufliche Sehnsüchte aus Ihrem Unbewussten hervorzuholen, sie metaphorisch zu betrachten und im Anschluss in realistische Jobbedingungen zu übersetzen. Bremsen Sie sich nicht bereits beim Herumfantasieren aus, sondern trauen Sie sich, alles, was in Ihnen steckt, erst einmal ans Licht zu bringen. Ausgewertet und sortiert wird später.

Seien Sie offen für unkonventionelle Ideen und ziehen Sie verschiedene Branchen, Rollen und Karrierewege in Betracht. Halten Sie alle Einfälle fest, ohne sie zu bewerten. Und denken Sie immer daran – das ist vor allem für Leistungsträger und People-Pleaser wichtig –, dass es sich um *Ihren* Traum handelt und es nicht darauf ankommt, dass er für wichtige Bezugspersonen oder auf dem Papier gut aussieht.

Ein Kunde, Ende 40 – Vollzeit in der Finanzbranche mit 100 Prozent Präsenzzeit im Office angestellt –, formulierte seine Traumvorstellung von Arbeit so: »Ich möchte für den Rest meines Lebens für volles Gehalt am Strand liegen und ab und zu surfen gehen.« Dieser Wunsch, frei heraus und überspitzt formuliert, war eine Metapher dafür, dass er sich nach finanzieller Freiheit und einem entspannten Arbeitsumfeld sehnte und am liebsten komplett remote arbeiten wollte. Nach einem Gespräch mit seiner Chefin stellte sich heraus, dass es ein durchaus realistisches Ziel war, ein flexibleres Arbeitsmodell (höherer Homeoffice-Anteil und Jahresarbeitszeitkonto) für ihn zu finden.

Die im Folgenden exemplarisch aufgeführten Übertragungen von Persönlichkeitseigenschaften auf spezifische Jobkriterien fungieren als Hilfestellung für Ihr Brainstorming. Ich verkürze dafür die Persönlichkeitsbeschreibung und vereinfache die Schlussfolgerungen. Die Übersetzung von Persönlichkeitseigenschaften in passende Jobkriterien ist in der individuellen Betrachtung wesentlich komplexer. Hinzu kommt, dass Unternehmen, Positionen und Arbeitsmodelle in der Realität nicht so trennscharf zu kategorisieren sind, wie ich es zu Zwecken der Veranschaulichung in diesem Kapitel tue.

Das ideale Unternehmen: Art, Größe, Struktur, Kultur

Halten Sie zunächst fest, welche Arten von Unternehmen am besten zu Ihrer Persönlichkeit passen. Sind Ihnen beispielsweise standardisierte Arbeitsprozesse, Strukturen und eng umrissene Zuständigkeiten wichtig? Dann könnten Sie sich in einer hierarchischen Organisation oder einem öffentlichen Unternehmen wohlfühlen. Eine klar definierte Rolle ermöglicht ein eindeutiges Erwartungsmanagement und bei Fragen oder Problemen wissen Sie genau, an wen Sie sich wenden müssen. Großunternehmen oder Konzerne zeichnen sich durch Ressourcenvielfalt, eine größere Anzahl an Positionen und Abteilungen, klare Karrierewege und hohe Sicherheit aus. Die Möglichkeiten, sich weiterzuentwickeln oder fortzubilden, sind in der Regel umfangreich.

Sollten Sie stattdessen eher Flexibilität, Selbstständigkeit und Eigenverantwortung schätzen, Lust haben, mehrere Rollen für sich auszuprobieren, und bereit sein, auch mal Risiken einzugehen, könnten Sie sich in einer flachen Organisationsstruktur oder einem Start-up wohlfühlen. Kleinere und unkonventionelle Unternehmen geben Ihnen die Möglichkeit, direkten Einfluss auf Entscheidungen auszuüben, sie auf dem kurzen Weg zu treffen und Ihre Kreativität und Innovationskraft einzubringen.

Eine ausgewogene Mischung aus beidem können Sie beispielsweise in einem mittelständischen Unternehmen finden, das in der Regel mehr Struktur und Sicherheit bietet als ein Start-up, aber gleichzeitig viel Raum für Eigeninitiative und persönliche Entfaltung lässt. Häufig wird in kleinen mittelständischen Unternehmen eine familiärere Atmosphäre gelebt und es besteht die Möglichkeit, eng mit dem Management zusammenzuarbeiten.

Sie arbeiten gerne in interdisziplinären Teams und möchten sich mit verschiedenen Abteilungen vernetzen? Dann könnte eine Matrix-Organisation Ihr idealer Schaffensort sein. In dieser Struktur arbeiten Sie projektbezogen und setzen Ihre Expertise in verschiedenen Bereichen ein. Für Sie stehen Team- und Zusammenarbeit im Vordergrund, weil Sie besonders aufblühen, wenn Sie in einem partizipativen Umfeld arbeiten? Schauen Sie sich nach einer team- oder netzwerkartigen Organisationsstruktur wie einem Business-Netzwerk, einer Genossenschaft oder virtuellen Organisation um, in der Sie gemeinsam mit anderen an Projekten arbeiten, Ideen austauschen und gemeinsam Entscheidungen treffen.

> **Mit Blick auf Ihre Interessen benennen Sie Branchen oder Industrien, die Sie besonders reizen. Wer sich für Konsumgüter begeistert, legt einen anderen Fokus als jemand, der an Finanzen oder Bildung interessiert ist. Welche Branchen sprechen Sie thematisch besonders an?**

Bestimmen Sie außerdem eine passende Unternehmenskultur für sich. Die Werte, die Ihnen besonders wichtig sind und bei denen Sie keine Kompromisse eingehen wollen, sollten sich in der Unternehmenskultur Ihres Wunscharbeitgebers widerspiegeln. Wenn Sie sich durch Leistung motiviert fühlen, gerne messbare Ziele verfolgen und erfolgsbasiert entlohnt werden möchten, könnten Sie in einer datengetriebenen und ergebnisorientierten Unternehmenskultur gut aufgehoben sein. Es würde Sie wahrscheinlich nicht stören, wäre der Umgang miteinander eher formell und unternehmerisch.

Sollten Kreativität, Experimentierfreude und kontinuierliche Verbesserung wichtige Werte für Sie sein, könnten Sie sich in einer innovationsgetriebenen oder kreativen Unternehmenskultur wohlfühlen, in der Sie neue Ideen einbringen und an der Entwicklung von Produkten oder Dienstleistungen beteiligt sein können. Sie legen besonderen Wert auf ethisches Handeln, Nachhaltigkeit und soziale Verantwortung? Vielleicht wäre ein Sozial- oder Gemeinwohlunternehmen das richtige für Sie. Oder Sie suchen sich ein Umfeld, in dem die Kultur kooperativ und das Engagement für Umwelt, Gesellschaft und Mitarbeitende ein zentrales Anliegen der Unternehmensführung ist.

Wenn Sie besonders unabhängig sind, gerne eigenverantwortlich agieren und gleichzeitig in der Lage sind, effektiv im Team zu arbeiten, und sich Veränderungen flexibel anpassen können, dann könnte eine selbstorganisierende Kultur wie zum Beispiel in einer agilen Netzwerkorganisation interessant für Sie sein. Wenn Sie selbstständig oder Unternehmer*in sind, sollten Sie sich an dieser Stelle überlegen, welche Unternehmenskultur Sie gerne aufbauen wollen.

Neben der Frage nach der Größe, der Organisationsstruktur und der Kultur des Unternehmens sind eventuell auch die Eigentumsverhältnisse Ihres Arbeitgebers wichtig für Sie. Wer geduldig und teamfähig ist und bürokratische Strukturen schätzt, könnte sich in einem Staatsunternehmen gut aufgehoben fühlen. Privatunternehmen fordern ein bisschen mehr Risikobereitschaft und Flexibilität.

Für empathische Menschen, die sich für eine größere Sache einsetzen wollen, könnte eine Stiftung die richtige Arbeitgeberin sein. Beziehen Sie auch Ihre Präferenzen für den Standort und die Internationalität mit ein. Ob das Unternehmen in der Innenstadt liegen sollte, Sie einen Gewerbepark in ländlicher Gegend bevorzugen oder ein Universitätsgelände oder Kulturzentrum besonders reizvoll für Sie ist, hängt von Ihren persönlichen Vorlieben ab, ebenso wie die Frage, ob das Unternehmen lokal, regional, national, international oder multinational agieren soll. Überlegen Sie sich, ob Ihnen die Finanzierung des Unternehmens wichtig ist. Sicherheitsorientierte Menschen fühlen sich vielleicht in einem staatlich finanzierten Unternehmen wohl, während es risikoaffinen Personen egal ist, ob das Unternehmen eigen-, fremd- oder beteiligungsfinanziert ist.

Die perfekte Position: Rolle und Verantwortung

Bei der Definition des Traumjobs spielt die gewünschte Position eine zentrale Rolle, weil sie den Arbeitsalltag, die individuelle Karriereplanung, die Work-Life-Balance und das Einkommen stark beeinflusst – unabhängig von der ausgeführten Tätigkeit. Überlegen Sie, welche Position Ihnen gemäß Ihrer Persönlichkeit die beste Möglichkeit zur Selbstentfaltung bietet. Sehen Sie sich als administrative oder technische Unterstützung, operativ arbeitend, eher im Management oder in der strategischen Planung? Wollen Sie Expertise in einem Fachgebiet aufbauen, als Berater*in fungieren, Führung übernehmen? Oder möchten Sie vornehmlich kommunikativ, kreativ schaffend, forschend, entwickelnd oder lehrend tätig sein?

Ihre berufliche Position ist ein Indikator für die Rolle und Verantwortung, die Sie innerhalb einer Organisation oder eines Teams einnehmen werden. Denn sie steht in direktem Bezug zur Hierarchieebene und der damit verbundenen Autorität. Wenn Sie wissen, in welcher Position Sie arbeiten möchten, können Sie im Anschluss daran die Art der Aufgaben bestimmen, die Sie ausführen möchten.

Führungspositionen beispielsweise umfassen Bereiche wie strategische Planung, Entscheidungsfindung und die Leitung von Teams. Möchten Sie Verantwortung tragen oder lieber nicht? Wenn ja, wie viel? Man muss nicht gleich ein ganzes Unternehmen leiten, um Verantwortung zu übernehmen, Beispiele hierfür gibt es zahlreiche: Projektverantwortung, Teamführung, Sicherung von Qualität oder Kundenzufriedenheit, Reichweitensteigerung, Einhaltung von Gesetzen, Planung von Vertriebsmaßnahmen, Personalverantwortung oder Produktentwicklung sind nur einige. Über die Position bestimmen Sie auch, wie prestigeträchtig Ihre Stelle sein sollte.

Ihre Aufgaben: Tätigkeiten und Prozesse

Innerhalb Ihrer Persönlichkeitsanalyse haben Sie Ihre Stärken, Fähigkeiten und Schwächen eruiert und sind Ihren Interessen auf den Grund gegangen. Durch die Beschäftigung mit Ihren Bedürfnissen und

Motivatoren haben Sie herausgefunden, was Sie brauchen, um voll in Ihrer Kraft zu stehen. Übertragen Sie diese Erkenntnisse nun auf die Frage, welche Aufgaben am besten zu Ihnen passen, und werden Sie Schritt für Schritt konkreter darin, Ihre gewünschten Tätigkeiten und Arbeitsprozesse zu beschreiben.

Wenn Sie Ihre Traumaufgaben formuliert haben, prüfen Sie direkt, ob diese mit Ihrer angestrebten Position und den favorisierten Verantwortlichkeiten übereinstimmen, und passen Sie beide Kategorien – wenn nötig – noch einmal einander an. Wenn Sie alle Aufgaben, auf die Sie Lust haben, und alle Themen, mit denen Sie sich gerne beschäftigen möchten, zusammengestellt haben, werfen Sie noch einen kritischen Blick auf jeden einzelnen Punkt. Denn es gibt Aktivitäten, die uns zwar Freude bereiten, aber nicht in unserem professionellen Kompetenzbereich liegen. Das bedeutet, dass wir selbst mit viel Übung nicht besonders gut darin werden können. Wenn Sie beispielsweise sehr gerne singen und tanzen, leider aber kein ausreichendes Talent für eine Profikarriere haben, sollten Sie nicht unbedingt versuchen, als Musical-Darsteller*in erfolgreich zu werden. Gehen Sie dieser Leidenschaft trotzdem weiter nach, aber lieber als Hobby.

Die Liste möglicher Aufgaben ist lang. Sie erstreckt sich von administrativen, kommunikativen oder organisatorischen über technische, beratende, analytische, manuelle oder kreative bis zu führenden, konzeptionellen, werbenden, sozialen oder ausführenden Tätigkeiten und ließe sich noch endlos fortführen.

Bei der Frage nach den zentralen Tätigkeiten werden Sie etwas konkreter. Fragen Sie sich auf Basis Ihrer Interessen- und Stärkenliste, was Sie hauptsächlich tun wollen, damit Sie das machen, was Ihnen am meisten Freude bereitet und Sie gleichzeitig am besten können. Hier ein paar Inspirationsquellen: recherchieren, analysieren, forschen, beraten, verkaufen, entwerfen, coden, lehren, optimieren, zeichnen, ordnen und verwalten, schreiben, pflegen, rechnen, Probleme lösen, helfen, organisieren, planen, führen, reden, manuell arbeiten, kommunizieren, gründen, kontrollieren, konzipieren, sichern und absichern, zuhören, basteln und tüfteln, netzwerken, produzieren, argumentieren.

Um noch besser zu erkennen, wie Ihr Traumjob aussehen sollte, drücken Sie Ihre Tätigkeiten nun gemäß Ihren Stärken und Fähigkeiten in spezifischen Arbeitsprozessen aus.

Einige Beispiele: »Entwicklung von Ideen, Designs, Grafiken und Inhalten zur Unterstützung von Marketing, Produktentwicklung oder internen Projekten«, »Schnelles und effektives Reagieren in sozialen Krisensituationen, Betroffene stabilisieren und trösten, helfen«, »Menschen überzeugen, Inhalte aufbereiten und präsentieren, Gespräche moderieren«, »Schulung und Weiterbildung von Menschen zur Verbesserung ihrer Fähigkeiten und Leistungen«, »Konzeption, Entwicklung und Einführung von Prototypen und neuen Produkten oder Verbesserung bestehender Produkte«.

Der Kern des Traumjobs: Inhalte, Produkte, Dienstleistungen

Je mehr wir uns für das interessieren, was wir tun, desto neugieriger sind wir und desto mehr Freude empfinden wir bei der Arbeit. Für manche unvorstellbar, doch auch die Beschäftigung mit einer Steuererklärung kann richtig viel Spaß machen – wenn die Inhalte dem persönlichen Interessensgebiet entsprechen. Daher sollten Ihre eigenen Vorlieben in den Inhalten, Produkten und Dienstleistungen Ihres Traumjobs abgebildet sein. Denken Sie neben Ihren derzeitigen Interessen unbedingt auch an Dinge, die Sie in Ihrer Vergangenheit fasziniert haben, die in Ihrer Kindheit eine große Rolle spielten oder die Sie passend zu Ihrer Persönlichkeit gerne ausprobieren wollen.

Welche Inhalte begeistern Sie? Welche Produkte oder Dienstleistungen nutzen Sie privat besonders gerne? Worüber informieren Sie sich regelmäßig? Das können Konsumgüter wie Lebensmittel, Getränke, Kleidung, Schuhe, Kosmetika, Haushaltswaren und Spielzeug sein oder etwas ganz anderes, zum Beispiel Rohstoffe wie Erdöl, Metalle, Holz, Getreide, Edelsteine oder Baumwolle.

Vielleicht sind Sie status- oder qualitätsorientiert und haben ein besonderes Faible für Spezialwaren und Luxusgüter wie Schmuck oder Designerkleidung. Oder Sie sind technisch versiert und interessieren sich für Investitionsgüter wie Maschinen, Werkzeuge, Fahrzeuge, Rohstoffe und Gebäude.

Sie möchten gerne Ihre Freizeitinteressen zum Beruf machen? Dann könnten Dienstleistungen oder Produkte aus folgenden Bereichen für Sie interessant sein: Kinos, Theater, Restaurants, Bars, Hotels, Freizeitparks, Fitnessstudios, Kunstgalerien und Museen, Verlage, Veranstaltungs- oder Reiseorganisation. Vielleicht finden Sie in der Informationstechnologie ein berufliches Zuhause, hier gibt es zum Beispiel Softwareentwicklung, Webdesign, IT-Beratung, Systemintegration, Cloud-Dienste und technischen Support. Oder Sie möchten Ihrer kreativen Ader mehr Ausdruck verleihen und denken in die Richtung von Kunst und Design wie Malerei, Skulptur, Fotografie, Grafikdesign, Webdesign, Mode, Inneneinrichtung, Filmproduktion, Animation, Illustration oder Schmuckdesign.

Lassen Sie Ihren Ideen freien Lauf und beobachten Sie, bei welchen Inhalten oder Produkten Ihr Herz schneller schlägt.

Arbeitsmodell und Umfeld: Zeiten, Orte, Konditionen

Wie viel Zeit wollen Sie in Ihre Arbeit investieren und wie werden Sie Ihrem Biorhythmus mit entsprechenden Start- und Endzeiten Ihres Arbeitstages gerecht? Prüfen Sie, ob Sie besser mit festen Arbeits- und Präsenzzeiten zurechtkommen oder ob Ihnen eine flexible Arbeitszeitgestaltung wichtig ist. Darunter fällt auch die Frage nach den Arbeitszeitmodellen, die zu Ihrer Persönlichkeit passen, wie beispielsweise Vollzeit, Teilzeit, komprimierte Arbeitswoche, Vertrauensarbeitszeit, Gleitzeit, Jahres- oder Lebensarbeitszeitkonto oder ab und zu ein Sabbatical.

Fragen Sie sich, wo Sie am besten arbeiten können, ob Ihnen das Homeoffice liegt, Sie einen Arbeitsplatz außerhalb Ihres Zuhauses bevorzugen oder eine Mischung (hybrides Modell) passend wäre und wenn ja, welche. Können Sie sich vorstellen, an wechselnden Orten zu arbeiten, zum Beispiel im Außendienst oder beratend? Werfen Sie einen Blick auf Ihr bevorzugtes Arbeitsmodell. Auch hier gibt es neben der hundertprozentigen Festanstellung zahlreiche Möglichkeiten. Sie können freiberuflich, selbstständig, in Arbeitsteilung (Jobsharing), mit Jobrotation, in Zeitarbeit, Schichtarbeit oder projektbasiert tätig sein. Ihr Arbeitsmodell sollte Ihre Bedürfnisse und Präferenzen in Bezug auf Ihre Work-Life-Balance, Flexibilität, soziale Interaktion und Unabhängigkeit erfüllen.

Jede einzelne dieser Optionen hat sowohl Vorzüge als auch Schwächen – finden Sie heraus, mit welchem Modell Sie sich am ehesten identifizieren und wohlfühlen. Schätzen Sie realistisch ein, wie es um Ihre Belastbarkeit und Ihren Energiehaushalt steht. Bei all diesen Fragen gibt es kein »Richtig« oder »Falsch«, es geht darum, zu verstehen, was Sie brauchen und unter welchen Umständen Sie Ihr Potenzial am besten entfalten können.

Sie sind eine kommunikative und soziale Person, die durch Teamarbeit motiviert ist und klar definierte Strukturen im Alltag schätzt? Dann ist eine Vollbeschäftigung im Büro für Sie vielleicht das passende Arbeitsmodell. Ihr Arbeitsweg ist so lang, dass Sie durch das Pendeln wichtige Zeit und Energie verlieren? Dann könnte es eine Überlegung wert sein, hauptsächlich remote zu arbeiten. Sie würden sich als eine Person beschreiben, die selbstmotiviert, diszipliniert, unternehmerisch und freiheitsliebend ist und gleichzeitig großen Wert auf eine ausgewogene Work-Life-Balance legt? Dann sollten Sie eventuell über eine Selbstständigkeit in Teilzeit nachdenken.

Wer extravertiert, kommunikationsstark und kooperativ ist, könnte ein berufliches Umfeld suchen, das von viel Interaktion mit Menschen geprägt ist, Zusammenarbeit fördert und in dem Präsentationen oder Verhandlungen an der Tagesordnung sind. Es sollte vielfältige Gelegenheiten zum Netzwerken geben, beispielsweise durch die Teilnahme an Konferenzen und Veranstaltungen, außerdem Unterstützung bei der Weiterentwicklung der Kommunikationsfähigkeiten. Von Öffentlichkeitsarbeit über Lehre, Eventmanagement, Personalwesen bis Marketing und Vertrieb gibt es viele Jobmöglichkeiten, auf die diese Kriterien zutreffen.

Für eine analytische Denkerin mit technischem Verständnis müsste das passende berufliche Umfeld einen Zugang zu hochwertigen Daten und neuesten Technologien bieten. Es sollte eine Umgebung sein, in der datenbasierte Entscheidungen getroffen und komplexe Probleme gelöst werden, wo strategisches Denken gefragt ist und es Raum für kreative und kritische Reflexion gibt. Data Sciences, Softwareentwicklung, IT-Sicherheit, Produktmanagement oder Forschung könnten interessante Felder sein.

Gehalt und Vergütungsstruktur: (Hygiene-)Faktor Geld

An der Frage, wie viel Einfluss das Gehalt auf die Jobzufriedenheit hat, scheiden sich die Geister. Ob es für Menschen eine größere Rolle spielt, wie und womit sie ihr Geld verdienen oder wie viel Geld sie verdienen, hängt nicht nur von der Höhe des Gehaltes, sondern auch von ihrer Persönlichkeit ab. Je nach Lebenssituation und Charakter haben Menschen unterschiedliche finanzielle Bedürfnisse und messen dem Faktor Geld für die Arbeitszufriedenheit eine individuelle Bedeutung bei.

Wer statusorientiert ist, teure Hobbys oder einen gehobenen Lebensstandard hat, möchte vielleicht mehr verdienen als jemand, der sparsam ist und bereit, für eine bessere Work-Life-Balance auf einen Teil des Gehaltes zu verzichten. Risikobereite Menschen zieht es wahrscheinlich eher in Branchen oder Positionen, in denen hohe Gehälter erzielt werden können, wo aber auch ein höheres Risiko des Jobverlusts oder wirtschaftlicher Schwankungen besteht. Risikoaverse Menschen werden hingegen nach Vergütungsstrukturen suchen, die dank Stabilität und Vorhersagbarkeit ein sicheres Einkommen garantieren. Altruistische Menschen, die Wert auf ihren sozialen Einfluss oder den ökologischen Fußabdruck legen, könnten bereit sein, für einen positiven Beitrag zur Gesellschaft ein geringeres Gehalt in Kauf zu nehmen.

Vergegenwärtigen Sie sich nicht nur, welches Gehalt Sie derzeit anstreben, sondern auch, wie Ihre optimale Gehaltsentwicklung der nächsten Jahre aussieht. Manche Personen bevorzugen ein Umfeld, in dem Gehaltserhöhungen leistungsabhängig sind, während andere lieber planbare Erhöhungen auf der Basis von Erfahrung und Betriebszugehörigkeit erhalten. Es gibt unterschiedliche Entlohnungsformen wie zum Beispiel Festgehalt, Prämien, Stundenlohn, Gewinnbeteiligung, geldwerte Vorteile, leistungsabhängige Vergütung (Boni, Prämien und Provision), pauschale Vergütung oder festes Grundgehalt plus variabler Anteil. Je nach Persönlichkeit wirken sie sich motivierend oder demotivierend auf die eigene Leistung aus und sollten deshalb bei der Definition des Traumjobs genau durchdacht werden. Vielleicht sind auch Zusatz- und Sozialleistungen wie Dienstwagen oder Dienstfahrrad, Essensgutscheine, Krankenversicherung, Altersvorsorge und Fortbildungsmöglichkeiten für Sie interessante Entlohnungsoptionen.

Arbeitsbeziehungen: Gut und konstruktiv zusammenarbeiten

Innerhalb Ihrer Persönlichkeitsanalyse haben Sie über Ihre Interaktionsmuster, Werte und Interessen nachgedacht. Sie haben definiert, mit welcher Art Mensch Sie sich besonders wohlfühlen und wie eine Beziehung gestaltet sein muss, damit Sie das Gefühl haben, ganz Sie selbst sein zu können. Auf dieser Basis können Sie nun einerseits Rückschlüsse auf die Menschen ziehen, mit denen Sie gerne zusammenarbeiten würden, und andererseits Aussagen über eine Beziehungsgestaltung am Arbeitsplatz treffen, die Ihnen guttut und Ihre Produktivität fördert.

Vielleicht möchten Sie mit Personen arbeiten, die Ihnen ähnlich sind, weil Sie sich gegenseitiges Verständnis erhoffen. So könnten extravertierte, wettbewerbsorientierte Menschen Arbeitsbeziehungen bevorzugen, die von Konkurrenz und dynamischem Schlagabtausch mit Gleichgesinnten geprägt sind. Obwohl eine solche Dynamik zu höherer Leistung führen kann, ist sie nicht für jede*n passend. Kooperative Personen könnte der ständige Versuch, sich gegenseitig zu übertreffen, demotivieren. Sie sind in einer harmonischen Arbeitsatmosphäre produktiver und bevorzugen synergistische Arbeitsbeziehungen, in denen die Teammitglieder offen kommunizieren und sich bei der Erreichung gemeinsamer Ziele gegenseitig unterstützen.

Auf der anderen Seite können komplementäre Persönlichkeiten dazu beitragen, dass in einem Team vielfältige Fähigkeiten und Perspektiven zusammenkommen. Eine kreative, visionäre Denkerin würde zum Beispiel einen Kollegen bevorzugen, der detailorientiert und gut organisiert ist, um Projekte gemeinsam effektiv abzuschließen. In diesem Fall sollten die beteiligten Personen über eine gewisse Reife verfügen, denn ob man das Gegenüber als »einen pessimistischen Erbsenzähler« oder als »bewundernswert gewissenhaften Analysten« sieht, hängt davon ab, wie souverän man selbst ist.

Wenn Sie freiberuflich oder projektbasiert arbeiten, können Sie in gewissem Maße selbst entscheiden, mit welchen Auftraggeberinnen und Kollegen Sie sich zusammentun. Gründen Sie ein Unternehmen oder arbeiten selbstständig, haben Sie ebenfalls viel Kontrolle darüber, welche Mitarbeitenden Sie einstellen und welche Geschäftspartner*innen Sie auswählen, die Ihre Werte teilen und zu einer positiven Arbeitsatmosphäre beitragen.

Muss-, Kann- und K.o.-Kriterien

Nachdem Sie in unterschiedlichen Kategorien die Kriterien für Ihren Traumjob definiert haben, fällt Ihnen vielleicht auf, dass sich einige Wünsche scheinbar widersprechen. Ich erlebe immer wieder Menschen, die sich, um ein verbreitetes Beispiel zu nennen, zwischen ihrem Verlangen nach Erfolg und dem Wunsch nach einer guten Work-Life-Balance hin- und hergerissen fühlen. Widerstehen Sie dem Automatismus, in Gegensätzen zu denken, verbinden Sie besser beide Bedürfnisse mit einem »und«, um kreative Lösungen für die Erfüllung dieser Wünsche zu finden: »Ich will beruflich erfolgreich sein und Zeit für Familie und Privatleben haben.« Möglicherweise wird Ihnen dann auch klar, dass Sie Kompromisse bei der Arbeitszeit oder dem Arbeitsort eingehen können, um das perfekte Gleichgewicht zwischen Ihren persönlichen und beruflichen Zielen zu finden.

Im nächsten – dem vierten – Schritt Ihres Job Crafting bewerten Sie Ihre derzeitige Stelle und leiten für sich passende Job-Crafting-Maßnahmen ab. Um dabei klare Prioritäten setzen und effizient vorgehen zu können, sollten Sie für sich festlegen, an welchen Stellen Sie kompromissbereit sind und an welchen nicht. Trennen Sie die wichtigsten Anforderungen an Ihren Traumjob von den optionalen, um flexibler zu werden. Persönliche Muss-, Kann- und Ausschlusskriterien können, je nach derzeitiger Lebenssituation, in Ihren individuellen Werten und momentanen Interessen variieren. Vielleicht ist die Möglichkeit, Ihre kreativen oder künstlerischen Fähigkeiten einzusetzen, nicht verhandelbar, während Weiterbildungsangebote oder die Chance auf weitere Zertifizierungen im Moment nicht dringend erforderlich sind.

Eventuell sind Sie als introvertierter Mensch so erschöpft vom Großraumbüro, dass ein Arbeitsumfeld, das Ihre Persönlichkeit unterstützt, ein Muss-Kriterium ist. Sie wären dann vielleicht sogar bereit, auf Mitarbeiterrabatte oder Vergünstigungen bei bestimmten Produkten oder Dienstleistungen zu verzichten. Dann gibt es noch Punkte, die Sie auf keinen Fall tolerieren können. Wenn Sie jeden Tag bei der Arbeit gegen Ihre persönlichen Werte handeln müssten, wird das auch das beste Gehalt nicht ausgleichen können. Halten Sie Ihre Ausschlusskriterien fest wie zum Beispiel: Branche ohne Zukunftsperspektive, mehr als 50 Prozent Reisezeit, Überstunden oder Führungsverantwortung für mehr als fünf Personen. So wissen Sie, wo Sie eine rote Linie ziehen müssen, und kommen Ihrem Traumjob wieder ein Stück näher.

Schritt vier: Der Blick nach vorne – leiten Sie die richtigen Job-Crafting-Maßnahmen ab

Wie können Sie Ihren Job wieder lieben lernen? In diesem Kapitel beleuchten Sie die Bestandteile Ihres derzeitigen Jobs, die Sie umgestalten wollen oder müssen, um ihn (wieder) zu lieben. In Anknüpfung an die Problemanalyse aus »Schritt eins« (Standortanalyse) vergegenwärtigen Sie sich erneut, was genau Ihre Arbeit beinhaltet, wie Sie sie angehen, wie es um Ihre Arbeitsbeziehungen steht, in welcher Verfassung Sie sich normalerweise beim Arbeiten befinden und welche Einstellung Sie zu Ihrem Job haben. Überlegen Sie, womit Sie im Moment am meisten hadern, und nehmen Sie vor allem die Bereiche in den Fokus, die Sie als Hauptursachen Ihrer Unzufriedenheit definiert haben.

Überall dort, wo Ihnen Ihr Job nicht guttut, setzen Sie an. Mit Blick auf Ihre Persönlichkeitsanalyse und Ihr Traumjobprofil leiten Sie entsprechende Job-Crafting-Maßnahmen ab. Diese sind einerseits darauf ausgerichtet, das zu erhöhen, zu fördern, zu verbessern oder neu zu etablieren, was Ihre Ressourcen stärkt, andererseits das zu verringern oder loszulassen, was Ihnen Kraft raubt. Mithilfe der Job-Crafting-Maßnahmen sollte es Ihnen auch gelingen, das Veränderungspotenzial bestehender Arbeitskomponenten zu nutzen. Sie werden mehrere Veränderungen gleichzeitig angehen, die sich auf den unterschiedlichen Ebenen immer auch gegenseitig beeinflussen und unterstützen. In dem Moment, in dem Sie Ihre Aufgaben, Ihre Arbeitsweise und Ihre beruflichen Beziehungen individuell passend gestalten, steigen bereits Ihr allgemeines Energielevel und Ihre Zufriedenheit. Für nachhaltige Erfolge sollten Sie darüber hinaus spezifische Schritte entwickeln, die Ihr Energiemanagement verbessern und Ihre innere Einstellung ins Positive wandeln.

Was will ich arbeiten? Aufgaben, Kompetenzen, Verantwortung

Ihre berufliche Rolle sollte so gestaltet sein, dass Sie tun, was Sie am besten können und was Ihnen gleichzeitig Freude bereitet. Aufgabenbezogenes Job Crafting bezieht sich auf den aktiven Prozess, das »Was« Ihrer Arbeit so zu gestalten, dass Sie weniger Unzufriedenheit und mehr Zufriedenheit verspüren. Sie definieren das Veränderungspotenzial Ihrer Aufgaben, Kompetenz- und Verantwortungsbereiche und entwickeln Anpassungsideen, um Ihren Job herausfordernder, interessanter, motivierender oder sinnvoller zu gestalten – je nachdem, was Ihnen fehlt, um wieder mit Freude zu arbeiten.

Das erreichen Sie entweder über eine Hin-zu-Motivation, indem Sie mehr von dem tun, was gut zu Ihnen passt und Sie mit Energie versorgt. Hierbei kann es sich um Aufgaben handeln, denen Sie sich bereits widmen und die Sie ausweiten, es können aber auch Aufgaben sein, die Sie neu hinzunehmen. Oder Sie gehen über eine Von-weg-Motivation in Zukunft weniger Tätigkeiten nach, die keine gute Job-Person-Passung aufweisen und Ihnen deshalb Energie rauben. Sie müssen dabei keine Berge versetzen, sondern können für das eigene Erfolgserleben zunächst klein anfangen und Maßnahmen definieren, die leicht und schnell zu implementieren sind.

Rufen Sie sich die Kernaktivitäten Ihres Jobs noch einmal in Erinnerung und sortieren Sie sie danach, wie viel Raum sie am Tag einnehmen bzw. wie viel Zeit sie in Anspruch nehmen, und danach, wie viel Energie Sie Ihnen geben oder nehmen.

> **Für Ihr Job Crafting besonders interessant sind jene Aufgaben, die noch nicht viel Zeit in Anspruch nehmen, Sie aber mit viel Energie versorgen, und jene, die viel Raum einnehmen, Ihnen aber sehr viel Energie entziehen. Erstere sollten Sie ausbauen, Letztere loswerden.**

Unter den Beschäftigungen, mit denen Sie Ihren Alltag hauptsächlich verbringen oder die zu den Evergreens auf Ihrer To-do-Liste zählen, befinden sich vielleicht einige, die gut zu Ihnen passen und Sie mit Energie versorgen. Sie merken das daran, dass Sie diese Aufgaben gerne verrichten und darin erfolgreich sind. Diesen Bereichen innerhalb

Ihres »Was« des Arbeitens sollten Sie mehr Raum geben. Das gilt ebenso für die Aufgaben, die zwar noch nicht viel Zeit in Anspruch nehmen, Sie aber mit Energie versorgen, also antreiben, motivieren, beflügeln. Hier lohnen sich Maßnahmen, mit denen Sie diese Aufgaben priorisieren, stärker betonen und ausbauen, um ihnen ein größeres Gewicht in Ihrem Arbeitsalltag zu geben.

Machen Sie sich auf Basis Ihrer Persönlichkeitsanalyse noch einmal bewusst, welche Stärken Sie bei Ausübung dieser Aufgaben einsetzen, welche Ihrer Qualitäten dabei zum Tragen kommen, welche Werte darin widergespiegelt werden, welche Motivatoren angesprochen sind und welcher inhaltlichen Leidenschaft Sie hier nachgehen. Mit Blick auf Ihr Traumjobprofil können Sie überlegen, welche persönlichen oder beruflichen Interessen Sie zusätzlich in bestehende Aufgaben integrieren können oder wie Sie Ihre Kompetenz- und Verantwortungsbereiche anpassen können, um eigene Stärken noch besser zu nutzen.

Die Kernaufgaben einer Klientin – selbstständige Personal Trainerin Anfang 40 – bestanden darin, individuelle Trainings für ihre Kund*innen zu konzipieren, diese zu motivieren, Übungen anzuleiten und deren Ausführung zu überprüfen. Dabei kam neben ihrer körperlichen Präsenz, ihrer physischen Kompetenz und ihrem Kommunikationstalent vor allem ihre Stärke zum Einsatz, sich auf die unterschiedlichsten Menschen individuell einzustellen. In der Beratung konnten wir herausarbeiten, dass es ihr besondere Freude bereitete, ihre Klient*innen mental und emotional zu begleiten. Ihre Job-Crafting-Maßnahmen: Sie integrierte Coachingelemente und Achtsamkeitsübungen in ihre Trainings und bildete sich zum Ausbau dieser Stärken als Life-Coachin fort.

Angenommen, Sie sind eine gewissenhafte Person, besonders gut in organisatorischen Aufgaben und lieben es, auch in der Freizeit zu ordnen, zu planen und Ihren Kalender zu pflegen, dann könnten Sie beispielsweise projektmanagende oder teamkoordinierende Aufgaben ausweiten. Wenn Sie als eine sehr enthusiastische Person immer dann besonders aufblühen, wenn Sie Ihre kommunikativen Fähigkeiten einsetzen können, könnten Sie in Meetings häufiger präsentierende oder moderierende Aufgaben übernehmen.

Ich erinnere mich an einen Finanzanalysten, Ende 30, der sich für soziale Gerechtigkeit und Nachhaltigkeit interessierte. Dank Job Crafting verbringt er nun mehr Zeit damit, Unternehmen nicht nur nach traditionellen Finanzkennzahlen, sondern auch nach ESG-Kriterien (Environmental, Social, Governance) zu bewerten, Berichte über nachhaltige Investitionsmöglichkeiten zu erstellen, Empfehlungen auszusprechen und Anlagestrategien entsprechend anzupassen.

Auf der anderen Seite der Skala stehen Tätigkeiten oder Verantwortungsbereiche, die zwar einen erheblichen Teil Ihres Arbeitsalltags ausmachen und entsprechend viel Zeit in Anspruch nehmen, die Ihnen aber Energie rauben – zum Beispiel, weil sie Sie nicht interessieren, über- oder unterfordern, nicht Ihren Kompetenzen entsprechen, Ihre Schwächen adressieren oder Sie zwingen, sich zu verstellen. Entsprechend ungern führen Sie sie aus und entsprechend dringend müssen Sie hier etwas verändern.

Überlegen Sie, ob und wenn ja, wie Sie diese Tätigkeiten modifizieren können, damit sie mehr Ihrer Persönlichkeit entsprechen – oder aber, wie Sie ihren zeitlichen Anteil am Arbeitstag reduzieren können. Im Falle der Personal Trainerin waren es die Verwaltungsaufgaben: Terminplanung, Rechnungen schreiben und Buchhaltung waren echte Energieräuber für sie. Um diese Prozesse so unkompliziert wie möglich zu gestalten und den Zeitaufwand dafür zu minimieren, integrierte sie nach der Beratung eine Terminbuchungssoftware in ihre Homepage, verkaufte statt Einzelstunden nur noch Leistungspakete und benutzte eine Buchhaltungssoftware für Freiberufler.

Wenn Sie beim Gedanken an die unliebsamen Aufgaben eine so große Abneigung spüren, dass eine Veränderung der Tätigkeit oder ein geringerer zeitlicher Aufwand Ihre Unzufriedenheit nicht mindern würde, dann sollten Sie diese Bestandteile Ihres Jobs entweder delegieren oder loswerden. Die Personal Trainerin verzichtete im Anschluss an die Beratung auf Selbstmarketing über Social Media, denn selbst wenn sie dieser Tätigkeit nur wenig Zeit widmete, sorgte sie bei ihr für schlechte Laune. Stattdessen nutzte sie den direkten Kundenkontakt, um ihr Empfehlungsnetzwerk über Mundpropaganda auszubauen. Sie nahm in Kauf, dass ihr Business ohne Social Media entsprechend langsamer wachsen könnte, was letztendlich aber gar nicht zutraf. Ihre

Job-Crafting-Maßnahmen sorgten für eine sehr viel klarere Positionierung, die mehr Kraft, Erfolg und Anziehungskraft nach sich zog. Mithilfe kleinerer und größerer Veränderungen wurde unsere Klientin nicht nur glücklicher in ihrem Job, sondern auch erfolgreicher.

Wenn Sie angestellt sind, können Sie solche Tätigkeiten in Absprache mit Ihrer Führungskraft und involvierten Personen an Kolleg*innen delegieren, die besser für diese Aufgaben geeignet sind und darin eine Chance zur eigenen Weiterentwicklung sehen. Das trägt zu einer effektiveren und effizienteren Arbeitsteilung im Team bei. Ich erlebe immer wieder Klient*innen, die an dieser Stelle zu zögerlich sind. Ihr Argument: Sie wollen die unliebsamen Aufgaben niemand anderem aufhalsen oder zumuten. Mit dieser Beurteilung schließen sie jedoch von sich auf andere.

Nur weil Ihnen eine Aufgabe keine Freude bereitet, heißt das nicht, dass es allen anderen genauso geht.

Kreative Denkerinnen und Visionäre ohne Detailorientierung sollten mehr Aufgaben übernehmen, die Ideenreichtum und Innovation erfordern, während Personen, deren Stärken und Interessen in der Datenaufbereitung und -analyse liegen, genau dort arbeiten sollten, wo ihre Gründlichkeit gefordert ist. So brachte ein Kunde – ein Vertriebsmitarbeiter Anfang 50 – nach unserer Beratung den Mut auf, Routineaufgaben wie Datenbankpflege und Auftragsmanagement abzugeben. Stattdessen konnte er nun mehr Zeit in Kundenbesuche und -gespräche investieren und sich auf den Aufbau und die Pflege langfristiger Geschäftsbeziehungen konzentrieren. Er hatte diesen Wunsch zuvor nie angesprochen, weil er dachte, die administrativen Aufgaben »gehören einfach dazu«. Dabei gibt es Kolleg*innen, denen es genau andersherum ergeht: Sie fühlen sich im direkten Kontakt nicht wohl und sind deshalb nicht erfolgreich, weil sie ungern verhandeln, verkaufen oder mit Kundenbeschwerden umgehen. Im Fall meines Klienten war eine duale Studentin der Betriebswirtschaftslehre dankbar für die Umverteilung der Aufgaben.

Außerdem gibt es Aktivitäten oder Themen, die auf der Liste Ihrer derzeitigen Kernaufgaben bisher keinen Platz gefunden haben, die aber derart gut zu Ihnen passen, dass sie in der Beschreibung Ihres Traumjobs höchste Priorität genießen. Weil Ihre aktuelle Rolle diese Bereiche inhaltlich nicht einschließt, hatten Sie noch keine Gelegenheit, ihnen nachzugehen. In diesem Fall sollten Sie Ihren Aufgabenbereich erweitern, neue Aufgaben in Ihren Verantwortungsbereich aufnehmen oder Ihre bestehende Verantwortlichkeit auf neue Bereiche ausdehnen. Überlegen Sie, ob es in Ihrem Unternehmen in Ihrem direkten Umfeld Aufgaben gibt, die Ihnen Freude bereiten würden.

Job Crafting kann eine Erweiterung der eigenen Kompetenzen einschließen, die es Ihnen ermöglicht, neue Aufgaben gut erledigen zu können.

Besonders Menschen, die sich durch herausfordernde Aufgaben motiviert fühlen, sollten gezielt nach neuen oder komplexen Projekten suchen, die professionelles und persönliches Wachstum fördern. Eine Kundin – Softwareentwicklerin in einem Technologieunternehmen, Mitte 30 – zeichnete sich durch hohe Wissbegier, ausgeprägte Zukunftsorientierung und Begeisterungsfähigkeit aus. Sie hatte Stärken im logisch-analytisch schlussfolgernden Denken und liebte die mobile App-Entwicklung. Seit Längerem interessierte sie sich auch für künstliche Intelligenz. Ihre Job-Crafting-Maßnahmen beinhalteten die Aufgabenerweiterung auf Projekte der sprachbasierten KI-Anwendungen in der internen KI-Abteilung. Dafür absolvierte sie Weiterbildungen in den Bereichen KI-Programmierung und Natural Language Processing.

Ein anderer Kunde, Personalmanager, Anfang 30, arbeitete in einem internationalen Logistik- und Versandunternehmen. Er war extravertiert, ehrgeizig, kooperativ und flexibel. Seine Motivatoren: Einflussnahme und Sichtbarkeit. Eine Maßnahme seines Job-Crafting-Prozesses war die Entwicklung seiner Führungsqualitäten. In Absprache mit seinem Vorgesetzten übernahm er die Organisation und Durchführung interner Schulungen und Workshops, um sein Wissen und seine Erfahrung mit anderen zu teilen und sie anzuleiten. Ein Schritt, der ihm wieder in seine volle Kraft verhalf.

Wie will ich arbeiten? Modus Operandi und Arbeitsumgebung

Neben der inhaltlichen Anpassung Ihrer Aufgaben und Verantwortungsbereiche können Sie auch das »Wie« Ihres Jobs verändern. Führen Sie Ihre Unzufriedenheit vor allem darauf zurück, auf welche Art und Weise Sie an Ihre Aufgaben herangehen? Das entsprechende Job Crafting optimiert die Struktur und Organisation Ihres Schaffens und erleichtert Ihnen das Arbeiten. Die Folgen sind mehr Freude am Tun und eine höhere Arbeitsmotivation.

Die Maßnahmen betreffen einerseits Ihr Arbeitsmodell und Ihre Arbeitszeit, andererseits modifizieren Sie Methoden und Verhaltensweisen, die Sie zur Bewältigung Ihrer beruflichen Aufgaben tagtäglich anwenden. Arbeitsprozesse sollen effektiver, effizienter und angenehmer gestaltet werden, damit Sie Ihre Ressourcen zukünftig bestmöglich einteilen und wieder Spaß an der Arbeit haben. Vergegenwärtigen Sie sich dafür, wie Ihre Arbeitsprozesse derzeit organisiert sind. Dann stellen Sie ihnen den Arbeitsstil gegenüber, der laut Ihrer Persönlichkeitsanalyse am besten zu Ihnen passt, bzw. vergleichen sie mit dem optimalen »Wie« Ihres Traumjobs.

Überall, wo Sie prozessual und organisatorisch derzeit nicht in Ihrer Mitte sind, sollten Sie Veränderungsmaßnahmen definieren.

Eine Möglichkeit, Ihr Arbeitsverhältnis zu verändern, ist der Wechsel von der Festanstellung in die Selbstständigkeit. Sie können die gleichen Tätigkeiten freiberuflich statt fest angestellt ausführen, um mehr persönliche Freiheit zu genießen. Andere Optionen bestehen darin, Ihre Arbeitszeit zu erhöhen oder zu verringern oder Ihren Anteil an Remote-Arbeit zu modifizieren. Sie können sich außerdem vornehmen, Ihre Zeit besser zu managen und Ihre Arbeitsorganisation zu verändern. Je nachdem, wo es bei Ihnen hakt, können Sie sich beispielsweise darum bemühen, Ablenkungen einzugrenzen, Arbeitsunterbrechungen zu minimieren, während wichtiger Konzentrationsphasen keine Anrufe, E-Mails oder Messages zu empfangen oder Prioritäten besser zu setzen.

Mithilfe der sogenannten Eisenhower-Matrix lassen sich Aufgaben nach Wichtigkeit und Dringlichkeit einteilen und darauf aufbauend strategisch passende Ziele bestimmen. Sie könnten es sich zur Gewohnheit machen, jeden Morgen entsprechende Aufgabenlisten für den Tag zu erstellen und über Timeboxing – ein Tool aus der Projektplanung – spezifische Beschäftigungsabsichten und Ziele für bestimmte Arbeitszeiten zu definieren. Wenn Ihre Aufgaben es zulassen, sollten Sie wiederkehrende Arbeitsabläufe standardisieren und Checklisten entwickeln. Vielleicht probieren Sie Projektmanagementtools wie Trello oder Asana aus, um einen guten Überblick über Ihre Aufgaben und Deadlines zu behalten und sich mit anderen effizient darüber austauschen zu können.

Sie könnten sich Problemen auf eine neue Art und Weise zuwenden, indem Sie Brainstormings einführen oder Mindmapping praktizieren. Am besten führen Sie zusätzlich eine Fortschrittskontrolle und eine angemessene Pausenkultur ein. Wichtig ist in diesem Zusammenhang auch ein gutes Qualitätsmanagement. Analysieren Sie nach Abschluss eines Projektes, welche Aspekte der Arbeitsorganisation gut funktioniert haben und an welcher Stelle Verbesserungen möglich oder nötig sind.

Manchmal liegen die Gründe für Unzufriedenheit bei der Arbeit in äußeren Bedingungen, die uns oft nicht bewusst sind, weil wir sie für selbstverständlich nehmen. Haben Sie sich schon einmal gefragt, ob Ihr Arbeitsplatz ganz konkret dazu beiträgt, dass Sie sich wohlfühlen und produktiv sein können? Sitzen Sie auf einem ergonomischen Stuhl oder können Sie Ihre Schreibtischhöhe verstellen? Haben Sie alle notwendigen Arbeitsmaterialien griffbereit? Tragen Temperatur, Ordnung, Licht und Geräuschkulisse dazu bei, dass Sie konzentriert und störungsfrei arbeiten können?

In diesem Zuge können Sie darüber nachdenken, Ihren Schreibtisch zu verschieben, Ihren Arbeitsplatz anders einzurichten, einen Organizer aufzustellen und Kopfhörer mit Geräuschunterdrückung zu tragen. Unabhängig davon, ob Sie ein ordentlicher Mensch sind oder nicht, sollten Sie Ihren Arbeitsplatz aufgeräumt und sauber halten, um Ablenkung und Stress zu minimieren. Das fördert nachweislich Ihre Konzentration und auch Ihr Wohlbefinden.

Etablieren Sie eine Arbeits- und Pausenstruktur, die zu Ihrem Biorhythmus passt.

Eventuell enthält Ihr aktueller Job Aufgaben, denen Sie leidenschaftslos gegenüberstehen – Sie erledigen sie zwar nicht besonders gerne, aber sie rufen auch keine starke Gegenwehr in Ihnen hervor. Das sind diejenigen Beschäftigungsbereiche, in denen Sie Ihr »Wie« auf Ihre Bedürfnisse zuschneiden könnten, damit sie nicht so viel Energie in Anspruch nehmen. Sie könnten für administrative Aufgaben neue Produktivitätstools oder Automatisierungstechniken anwenden, um sie mit mehr Spaß oder weniger Zeitaufwand zu erledigen, zum Beispiel Monday.com fürs Projektmanagement, RescueTime fürs Zeitmanagement oder Zapier für automatisierte Arbeitsabläufe. Sie könnten Präsentationsformate verändern, um Ihre Kreativität auszuleben und die Datenvisualisierung für die Kund*innen ansprechender und überzeugender aufzubauen, zum Beispiel mit Prezi oder Figma. Oder Sie managen die Kommunikation innerhalb des Teams durch digitale Plattformen wie Slack, sodass sie effizienter und spannender ist.

Rufen Sie sich in diesem Zusammenhang Ihren eigenen Einfluss auf Ihre Arbeitsmotivation in Erinnerung. Indem Sie Ihre Arbeitsbedingungen und Ihre Arbeitsumgebung an Ihre motivationalen Bedürfnisse anpassen, steigern Sie Ihre Lust zu arbeiten. Wenn es Sie motiviert, allein zu arbeiten, können Sie sich einen Arbeitsbereich schaffen, in dem Sie ungestört sind, oder zumindest Zeiten für konzentriertes Arbeiten ohne Außeneinflüsse einplanen, sogenannte Deep-Work-Phasen. Fördert es Ihre Lust zu arbeiten, wenn Sie Einfluss ausüben können? Dann sollten Sie Ihren Entscheidungs- und Gestaltungsspielraum ausbauen; oder Sie initiieren neue Projekte, für die Sie die Verantwortung und Kontrolle übernehmen.

Sind Sie durch bestimmte Ideale motiviert, wie Nachhaltigkeit oder Gerechtigkeit, brauchen Sie Aufgaben, die Ihren Werten entsprechen und zum Beispiel eine soziale oder ökologische Ausrichtung haben. Wenn Herausforderungen Sie zu Höchstleistung antreiben, hilft es, sich selbst fordernde Ziele zu setzen und regelmäßig eigene Grenzen zu hinterfragen. Sollten Sie besonders engagiert an Aufgaben herangehen, die gut messbar sind, wird es Sie motivieren, Ihre Arbeit anhand von Checklisten oder Kennzahlen regelmäßig zu überprüfen. Wettbewerb spornt Sie an? Vielleicht können Sie kleine spielerische Wettkämpfe mit Ihren ebenfalls wettbewerbsmotivierten Teammitgliedern aufsetzen.

Eine Dermatologin, Mitte 40, die in einer Hautklinik arbeitete, suchte meine Beratung auf, weil sie erschöpft und ausgebrannt war. Sie hatte das Gefühl, ihre Patient*innen nicht ausreichend betreuen zu können und für ihre fachliche Expertise nicht genügend Wertschätzung zu erhalten. Die Problemanalyse verriet außerdem, dass ihre Arbeitstage von ständigen Unterbrechungen und ineffizienten Abläufen geprägt waren und sie weder genügend Zeit für ihre Familie noch für Freizeitaktivitäten hatte. Sie war sehr gesellig, empathisch und bescheiden und zugleich motiviert durch Teamarbeit und Anerkennung.

Ihre Job-Crafting-Maßnahmen zielten darauf ab, sich zuerst auf die bedeutsamsten Aufgaben zu konzentrierten, anstatt wie bisher erst einmal »den Kleinkram« abzuarbeiten, bevor sie sich an »das Wichtige« machte. Sie lernte, sich zunächst ihrer eigenen To-do-Liste zuzuwenden, bevor sie Kolleg*innen bei deren Aufgaben half. Sie unterteilte ihren Arbeitstag in unterschiedliche Blöcke für ihre Kernaufgaben – Patientengespräche führen, administrative Aufgaben erledigen, Meetings im Team und Austausch mit der Vorgesetzten. Für jeden Block plante sie feste Zeitfenster ein, innerhalb derer sie sich ausschließlich dem jeweiligen Thema widmete. Da sie sich während der Patientenversorgung nicht mehr durch Telefonanrufe oder Unterbrechungen ablenken ließ, hatte sie eine andere Präsenz im direkten Kontakt, was die Patient*innen ihr dankbar spiegelten.

Sie führte regelmäßig Gespräche mit ihrer Vorgesetzten aus der Klinikleitung und erhielt dadurch mehr Sichtbarkeit und Wertschätzung. Ihr Vorschlag, ein moderneres elektronisches Patientenmanagementsystem einzuführen, wurde umgesetzt, was den Informationsaustausch erheblich verbesserte und Verwaltungsaufgaben vereinfachte. Das gab ihr den Mut, einen höheren Remote-Anteil zu erwirken und ihre Arbeitszeit etwas zu reduzieren, um mehr Zeit für ihre Familie zu haben. Durch regelmäßige Besprechungen fühlte sie sich besser ins Team integriert und konnte ihre fachliche Expertise stärker einbringen. Die Entwicklung dieser Ärztin und ihrer Job-Crafting-Maßnahmen sind ein ausgezeichnetes Beispiel dafür, wie mit den richtigen Fragen die zugrunde liegenden Probleme gelöst werden können – und wie positiv sich die Umgestaltung der Arbeit auf die gesamte Lebenszufriedenheit auswirkt.

Kontaktpflege: Kommunikation und Beziehungen

Was im privaten Umfeld gilt, lässt sich auch auf das Berufsleben anwenden: Unsere Beziehungsqualität bestimmt unsere Lebensqualität. Wenn Sie über verschiedene Beziehungen in Ihrem (Berufs-)Leben nachdenken, werden Sie sie instinktiv unterteilen können in jene, die Ihnen Energie geben, und jene, die Ihnen Energie rauben. Es gibt Menschen und Verbindungen, auf die Sie sich verlassen können, die eine Ressource für Sie darstellen, und dann gibt es vermutlich auch solche, die Sie als anstrengend oder hinderlich empfinden.

Es gibt ungenutztes Potenzial in bestehenden Beziehungen und in Menschen, zu denen Sie aus karrierestrategischen oder persönlichen Gründen gerne eine Beziehung aufbauen wollen. In der Interaktion mit Ihren Kolleg*innen, Vorgesetzten und Mitarbeitenden sollten Sie sich wohlfühlen, sozialen Anschluss finden und zumindest keine Energie verlieren. Ist das nicht der Fall, hilft kommunikations- und beziehungsorientiertes Job Crafting Ihnen, Ihre Arbeitsbeziehungen gemäß Ihren eigenen Bedürfnissen zu gestalten.

Die Basis jeder guten Beziehungsgestaltung bilden ein positiver Blick auf das Gegenüber und eine gelungene Verständigung.

Unterstellen Sie immer eine positive Absicht, üben Sie sich in offener Kommunikation und aktivem Zuhören, sehen Sie von Unterstellungen und Anschuldigungen ab und stellen Sie bei Bedarf Klärungsfragen. Das zeigt Respekt und Interesse am anderen.

Identifizieren Sie zunächst die Beziehungen, die in Ihrem Arbeitsalltag eine wichtige Rolle spielen – oder in Zukunft spielen sollen –, und rufen Sie sich in Erinnerung, welche Schlüsselfaktoren Sie für eine gelungene Beziehung definiert haben. Daraus ergeben sich die Ziele Ihrer Beziehungsgestaltung.

Unabhängig davon, ob Sie bestehende Beziehungen stärken und ausbauen möchten, konfliktreiche Beziehungen zum Besseren verändern, neue Beziehungen aufnehmen oder sich aus überholten Beziehungen lösen wollen: Machen Sie sich bewusst, welchen Beitrag Sie selbst zur erfolgreichen Beziehungsgestaltung leisten wollen und inwiefern Sie Ihr eigenes Verhalten verändern möchten. Vor allem im Arbeitskontext haben wir es mit Personen zu tun, die wir uns nicht ausgesucht haben und mit denen wir ohne die berufliche Verbindung möglicherweise nie in Kontakt gekommen wären. Ich erlebe häufig Klient*innen, die der festen Überzeugung sind, dass ausschließlich die andere Person sich ändern müsste, damit die Beziehungsprobleme gelöst wären. Mit diesem Ansatz erreichen sie nicht viel. Denn – so lautet ein Grundsatz meiner Berufserfahrung:

Nicht der Mensch ist das Problem, sondern das Zwischenmenschliche. Dieser Perspektivwechsel bietet eine große Chance.

Wer sein Gegenüber als Problem empfindet, das es zu lösen gilt, wird sich die Zähne ausbeißen. Erfahrungsgemäß münden solche Einstellungen in einem Streit darüber, wer »richtig« ist und »recht hat«. Es ist wesentlich erfolgversprechender, das in den Fokus zu nehmen, was sich zwischen den Personen abspielt, und den besseren Umgang miteinander zum Ziel der beziehungsorientierten Job-Crafting-Maßnahmen zu machen. Dafür braucht es ein positives Menschenbild – und wir sollten bereit sein, die Unterschiedlichkeit von Menschen respektvoll anzuerkennen.

Auch hier können Sie sich im Reframing – einem förderlichen Perspektivwechsel – üben. Anstatt Kommentare oder Verhaltensweisen der anderen persönlich zu nehmen, böse Absicht zu unterstellen und sich angegriffen zu fühlen, sollten Sie davon ausgehen, dass ein Mensch immer das Beste tut, was ihm in der jeweiligen Situation möglich ist. Im Sinne unseres eigenen Bestrebens, Leid zu verringern und Freude zu vermehren, handeln Menschen rational bzw. verfolgen eine positive Absicht, auch wenn sie sich beispielsweise auf unhöfliche Art verteidigen oder andere verbal angreifen. Versuchen Sie, im Fokus auf das gemeinsame Ziel einen Konsens zu finden.

Ich werde in Workshops häufig gefragt, welche Persönlichkeiten denn nun am besten zusammenarbeiten könnten. Darauf gibt es keine einfache Antwort, denn was uns an anderen aufregt und die Zusammenarbeit erschwert, sind nicht unbedingt bestimmte Charaktereigenschaften, sondern Nicht-Authentizität und Unreife. Solange sich eine Person ihrer selbst bewusst und mit sich einverstanden ist, unterschiedliche Bedürfnisse in der Beziehung verhandelt und Konflikte geklärt werden können, können wir mit den unterschiedlichsten Menschen gut zusammenarbeiten.

Kommunikations- und beziehungsorientiertes Job Crafting kann, je nach Absicht und Zielen, unterschiedliche Maßnahmen erfordern. Möchten Sie die Kommunikation oder Konfliktlösungsfähigkeiten innerhalb des Teams oder mit einzelnen Personen verbessern, können regelmäßige Meetings, offene Gespräche und Aussprachen helfen. So schaffen Sie Raum, um Missverständnisse zu klären, gegenseitige Erwartungen abzustimmen und sich über gemeinsame Ziele zu verständigen. Sie können klare Kommunikationsregeln einführen, sich auf eine bestimmte Art des Feedbacks einigen, eine »Open Door Policy« etablieren, um einen offenen und informellen Kommunikationsfluss zu fördern, oder eine Online-Community ins Leben rufen, um Ideen auszutauschen. Zudem können Schulungen in Konfliktmanagement und Mediation neue Erkenntnisse bringen.

> **Wenn Missverständnisse und Konflikte aus unklaren Rollen resultieren, braucht es zunächst eine eindeutige Rollendefinition. Dann lassen sich Zuständigkeiten und Erwartungen innerhalb des Teams leichter klären.**

Sie fühlen sich beim Arbeiten besonders durch Teamarbeit beflügelt, empfinden die Kommunikation aber als zu spärlich? Organisieren Sie regelmäßige Meetings, gemeinsame Aktivitäten und Austauschmöglichkeiten. Wenn Sie das Vertrauen stärken und den Teamgeist bzw. das Wir-Gefühl fördern möchten, sind Teambuilding-Aktivitäten, gemeinsame Projekte oder das Feiern von Erfolgen wirkungsvolle Maßnahmen, die gleichzeitig Spaß und neuen Schwung ins Team bringen können. Auch die Zusammenarbeit in Projektgruppen, die Mitarbeitende aus verschiedenen Abteilungen und Hierarchieebenen in Kontakt bringen, fördern das gegenseitige Verständnis und die

Kommunikation. Heterogene Teams sind kreativer, innovativer, fällen ausgewogene Entscheidungen und sind insgesamt produktiver als homogene Teams.

Ich erinnere mich an einen Kunden, einen Strategieberater, Mitte 30; er war der Ansicht, dass er den falschen Job hatte, und suchte nach Alternativen, die besser zu ihm passten. Er hatte während der Pandemie seinen neuen Job als Berater begonnen. Nach einem virtuellen Koch-Event im Zuge des Onboarding-Prozesses war er in seinem Remote Job auf sich allein gestellt. Die Problemanalyse ergab, dass er seine Aufgaben durchaus gerne mochte und sich inhaltlich inspiriert fühlte. Seine Unzufriedenheit rührte vielmehr daher, dass er mit dem Jobwechsel auch die Hoffnung verbunden hatte, neue spannende Leute kennenzulernen und seinen Bekanntenkreis zu erweitern. Nun fühlte er sich in seinem pandemiebedingten Remote Job sozial isoliert und vermisste den Kontakt zu seinen Kolleg*innen. Virtuelle Kaffeepausen und Happy Hours konnten Abhilfe schaffen, denn seinen gleichaltrigen Teammitgliedern ging es ähnlich. Der zwanglose Austausch bot die Möglichkeit, sich kennenzulernen und zu vernetzen. Sobald er neue Freundschaften geschlossen hatte, war unser Klient zufriedener mit seiner Arbeitssituation und motiviert dazu.

Um mehr soziale Unterstützung zu bekommen, neue Beziehungen aufzubauen und den Zugang zu Ressourcen und Informationen zu verbessern, eignen sich Netzwerkveranstaltungen, branchenspezifische Treffen, Workshops und Konferenzen. Auch Mentoren- und Mentee-Beziehungen, bei denen erfahrene Mitarbeitende mit weniger erfahrenen zusammenkommen, fördern den Wissensaustausch und die fachliche und persönliche Entwicklung.

Sehr inspirierend kann auch das Reverse Mentoring sein: Jüngere oder unerfahrenere Mitarbeitende teilen ihr Wissen und ihre Perspektiven mit älteren oder höher gestellten Kolleg*innen, um voneinander zu lernen und Beziehungen aufzubauen. Bei informellen »Lunch and Learn«-Terminen können Mitarbeitende Beziehungen pflegen und den Wissenstransfer fördern. Um interdisziplinäres Lernen und Wissensaustausch zu etablieren, können Sie Arbeitsgruppen oder (digitale) Diskussionsforen einrichten, in denen Fachwissen aus verschiedenen Bereichen geteilt wird.

Auch auf Ihre Beziehungen zu Vorgesetzten können Sie aktiv Einfluss nehmen. Indem Sie die Initiative ergreifen, Probleme oder Herausforderungen aufzeigen und mögliche Lösungen vorschlagen, zeigen Sie, dass Sie engagiert sind und Verantwortung übernehmen. Darüber hinaus sollten Sie stets zuverlässig arbeiten und Deadlines sowie Vereinbarungen einhalten. Über regelmäßige Feedbackgespräche, Jours fixes und eine offene Kommunikation erlangen beide Seiten ein besseres Verständnis der gegenseitigen Erwartungen und Bedürfnisse. So könnten Sie offen kundtun, dass Sie über persönliche Anerkennung motiviert sind, und um regelmäßiges Feedback bitten.

Viele meiner Klient*innen scheuen sich, konstruktive Kritik an ihren Vorgesetzten zu üben. Auf der anderen Seite erzählen meine Kund*innen mit Führungsverantwortung häufig, wie sehr sie es bedauern, dass sie ab einer bestimmten Position kaum noch ehrliche, offene Rückmeldung bekommen, zumindest nicht von Mitarbeitenden. Das mache sie einsam und in Teilen auch unsicher.

Wenn das Feedback an Ihren Vorgesetzten in einem angemessenen Rahmen geäußert und ehrlich und respektvoll formuliert wird, trägt es zur Verbesserung der Beziehung bei.

Ein Produktionsingenieur in einem Automobilkonzern, Anfang 30, kam zu mir in die Beratung, weil er über die schwammigen Anweisungen seiner Vorgesetzten frustriert war. Frustration verbindet die Gefühle Wut und Ohnmacht. Sie kann auf Persönlichkeitseigenschaften wie hohe Erwartungen an sich und andere, Durchsetzungskraft, Impulsivität und ein Bedürfnis nach Kontrolle hinweisen, aber auch auf mangelnde Toleranz und geringe Eigenverantwortung.

Wie sich im Laufe der Beratung herausstellte, brauchte mein Klient im Grunde nicht mehr Ansagen, sondern mehr Freiraum und Eigenverantwortung. Das bezog sich sowohl auf seinen Anteil an der Kommunikation mit der Vorgesetzten als auch auf seinen Aufgabenbereich. In einem gemeinsamen Gespräch mit seiner Chefin kommunizierte er nun besser, was er brauchte. Er übernahm einen Teilbereich des laufenden Projektes als Hauptverantwortlicher und sie vereinbarten regelmäßige Meetings, um seine Fragen zu klären und sich über die gemeinsamen Ziele auszutauschen.

Als Führungskraft beeinflussen Sie die Beziehung zu Ihren Mitarbeitenden positiv, indem Sie präsent und erreichbar sind und sich regelmäßig zum Gespräch verabreden. Die Beziehungsgestaltung sollte individuell auf Ihr Gegenüber abgestimmt sein. Lernen Sie Ihre Mitarbeitenden so gut kennen, dass Sie wissen, wie sie geführt werden wollen, was sie motiviert und welche Bedürfnisse sie beim Arbeiten haben. Nur so können Sie konstruktives Feedback und Unterstützung bei der persönlichen Entwicklung anbieten, individuelle Pläne erstellen und verlässliche Leistungsbeurteilungen durchführen.

Läuft eine Mitarbeitende beispielsweise bei Herausforderungen und im Wettbewerb zu Hochform auf, bevorzugt sie schwierige Aufgaben, schnellen Schlagabtausch und Gewinnanreize. Ruft ein Mitarbeiter hingegen vor allem dann sein volles Leistungspotenzial ab, wenn er persönliche Anerkennung für seine Erfolge erhält, ist er auf Ihr regelmäßiges positives Feedback angewiesen, um motiviert zu bleiben (und wird durch Wettbewerb deutlich demotiviert). Beide müssen ganz unterschiedlich geführt werden.

Mitarbeitende suchen Anschluss und wollen von Ihnen gesehen werden. Soziale Medien und Technologien wie Slack oder Microsoft Teams ermöglichen eine bessere Kommunikation und Zusammenarbeit, unabhängig von der räumlichen Distanz. Wenn Sie Mitarbeitende zu Brainstormings und Strategiemeetings einladen oder Umfragen durchführen, um ihre Meinung einzuholen, binden Sie sie in Entscheidungsprozesse ein und fördern ihr Gefühl der Selbstwirksamkeit. Reduzierte Hierarchieebenen und eine offene Kommunikationskultur – häufig zusammengefasst unter dem Schlagwort »New Work« – erleichtern den Austausch zwischen Mitarbeitenden unterschiedlicher Ebenen und stärken die Arbeitsbeziehungen. Durch regelmäßige Workshops und Schulungen zur Unternehmenskultur verankern Sie die relevanten Werte in den täglichen Arbeitsabläufen und Entscheidungsprozessen.

Der Faktor Zeit ist nicht nur Teil des »Wie« Ihres Arbeitens, sondern hat auch einen wichtigen Einfluss auf unsere Beziehungsqualität. Menschen agieren in verschiedenen Geschwindigkeiten und setzen einen unterschiedlichen zeitlichen Fokus.

Manche leben in der Gegenwart, andere richten ihren Blick in die Vergangenheit und wieder andere sind mit ihrer Vorstellungskraft in der Zukunft gebunden. In unseren Teamentwicklungsworkshops erleben wir immer wieder, wie konfliktträchtig es sein kann, wenn Zeit verschieden erlebt wird. Menschen haben zum Beispiel unterschiedliche Auffassungen von Pünktlichkeit und Dringlichkeit. Während die eine noch keine Handlungsnotwendigkeit sieht, fühlt sich die Aufgabe für den anderen bereits dringend an, und das lässt ihn genervt zurück. Weil sie lieber genau als schnell vorgeht, braucht eine Person doppelt so lange für denselben Prozess wie eine andere, die innerlich angetrieben ist, schnell zu handeln, und sich in dieser Situation womöglich ausgebremst fühlt.

In einem Brainstorming geraten zwei Personen aneinander, weil die eine sich darauf bezieht, wie es früher gemacht wurde, während die andere daran interessiert ist, es in Zukunft anders zu machen und neu zu denken. Das eine Teammitglied läuft bei kniffligen Aufgaben morgens zu Hochform auf, sein Kollege ist am späten Nachmittag am motiviertesten. Ein Mitarbeiter wünscht sich viel gemeinsame Zeit mit seiner Führungskraft, die ihrerseits lieber so wenig Kontaktzeit wie möglich mit ihren Kolleg*innen hat.

Um Beziehung gelingen zu lassen, sollten Sie also darauf achten, Ihre Zeitpläne mit denen Ihrer Kolleg*innen zu synchronisieren oder sich zumindest offen über unterschiedliches Zeit- und Dringlichkeitsempfinden auszutauschen. In regelmäßigen Meetings, die für alle obligatorisch sind, können Sie sich verbindlich über Aufgabenpriorisierung, Deadlines, Sprints, Tempi und Zeitinvestition abstimmen. Durch klare Rollen und Verantwortlichkeiten weiß jede und jeder, was bis wann erwartet wird. Flexible Arbeitszeitmodelle und Pufferzeiten ermöglichen ein Arbeiten, das an individuelle Biorhythmen und Zeitvorstellungen angepasst ist. Sollte der unterschiedliche Umgang mit Zeit ein größeres und wiederkehrendes Problem sein, können Sie darüber nachdenken, einen Zeitmanagement-Workshop zu organisieren.

Beziehungsorientiertes Job Crafting beinhaltet auch die Aufgabe, Beziehungen zu identifizieren, die berufliche und persönliche Entwicklung behindern. Versuchen Sie, die Gründe für das Nicht-Gelingen dieser Beziehungen zu verstehen. Es könnte an mangelnder Kommunikation, unterschiedlichen Zielen oder Werten oder an unklaren Erwartungen liegen. Geben Sie jeder Beziehung die Chance einer Aussprache, gerne auch in Anwesenheit einer dritten, unbeteiligten Person, beispielsweise aus der Personalabteilung.

Ich empfehle Ihnen, sich auf ein solches Konfliktklärungsgespräch eingehend vorzubereiten, sodass Sie den Grund Ihrer Frustration souverän beschreiben und authentisch über die Probleme und Herausforderungen in der Arbeitsbeziehung sprechen können. Schildern Sie Ihre Gefühlslage in Ich-Botschaften. Ohne der anderen Person etwas Negatives zu unterstellen, erklären Sie, was deren Verhalten in Ihnen auslöst. Schließlich sprechen Sie Ihre Wünsche an die Beziehung und Ihre Bedürfnisse klar aus und geben auch Ihrem Gegenüber die Gelegenheit, seine Sicht auf die Dinge zu beschreiben. So können Sie gemeinsam ein Bild der zukünftigen Kommunikations- und Beziehungsgestaltung entwerfen und sich auf Regeln des Miteinanders verständigen.

Verbessert sich das Verhältnis trotz mehrfacher Bemühungen Ihrerseits nicht, kann es notwendig sein, die dysfunktionale Beziehung aufzugeben. Indem Sie sich bewusst für diesen Schritt entscheiden, schaffen Sie neuen Raum für Wachstum und Erfolg. Sollten Sie den Kontakt mit der betreffenden Person aufgrund der Unternehmensziele nicht komplett einstellen können, haben Sie zumindest die Möglichkeit, klare Grenzen in Bezug auf Kommunikation und Zusammenarbeit zu setzen. Beschränken Sie den Kontakt auf die notwendigen beruflichen Angelegenheiten, investieren Sie nicht weiter emotional in die Beziehung und wahren Sie professionelle Distanz. Darüber hinaus können Sie die Zusammenarbeit umstrukturieren, indem Sie mögliche Abhängigkeiten reduzieren, Ihre Aufgaben und Projekte neu organisieren und gleichzeitig nach Möglichkeiten suchen, mehr mit Kolleg*innen zusammenzuarbeiten, die Ihre Ziele und Werte teilen.

> **Aus meiner Sicht schließt das beziehungsorientierte Job Crafting die Beziehungsgestaltung zu uns selbst – vor allem bezogen auf die Arbeitsidentität – mit ein. Denn die Qualität der Beziehung zu uns selbst bestimmt die Güte der Beziehung zu anderen.**

Nur wenn wir uns selbst akzeptieren – sowohl die Anteile, die wir mögen, als auch diejenigen, mit denen wir manchmal (noch) nicht einverstanden sind –, sind wir in der Lage, auch andere Menschen vorurteilsfrei anzunehmen. Wer sich selbst in all seinen Facetten kennt und akzeptiert, kann Empathie für sein Gegenüber entwickeln, weil sie oder er weiß, dass wir alle ähnliche Sehnsüchte, Schmerzen und innere Konflikte haben. Empathie ist meines Erachtens eine der wichtigsten Erfolgseigenschaften der Zukunft.

Wenn wir uns dagegen für alles Ungelöste selbst abwerten und für jeden kleinen Fehler hart kritisieren, wenden wir unbewusst dieselben Verhaltensmuster in unseren Arbeitsbeziehungen an. Erst ein gesundes Selbstwertgefühl ermöglicht es uns, uns in schwierigen Situationen sicher zu fühlen und unsere Meinung und Bedürfnisse auszudrücken. Diese Art effektiver Kommunikation trägt dazu bei, unsere Beziehungen zu Kolleg*innen und Vorgesetzten zu verbessern. Wenn ich meine Klient*innen frage, wer für sie im Beruf die wichtigsten Personen sind, vergessen beinahe alle, sich selbst zu nennen. Um sich selbst besser einschätzen zu können, hilft Ihnen vielleicht dieses Gedankenexperiment: Wie würden Sie mit sich selbst interagieren, wenn Sie der Mensch wären, den Sie am meisten lieben? Lassen Sie sich ruhig etwas Zeit, um dieser Frage nachzuspüren und eine ehrliche Antwort darauf zu finden. Einige meiner Klient*innen stellen dann fest, dass sie den Kontakt zu anderen Menschen einstellen würden, würden diese Personen so mit ihnen sprechen, wie sie es im inneren Dialog mit sich selbst tun. Das ist ein eindeutiges Zeichen dafür, dass die Beziehung zu sich selbst dringend Pflege und Fürsorge braucht.

Mit Ihrer Persönlichkeitsanalyse haben Sie bereits den ersten wichtigen Schritt getan. Indem Sie über sich nachgedacht haben und sich Ihrer selbst bewusster geworden sind, sind Sie sich wieder nähergekommen. Ihre persönliche Selbstreflexion sollten Sie auf Ihre Arbeitsidentität übertragen und Ihre beruflichen Erfolge und Herausforderungen reflektieren. So können Sie Ihr Wachstumspotenzial erkennen und verstehen, welche Ressourcen Sie in Ihrer Lerngeschichte mobilisiert haben, um Schwierigkeiten zu meistern.

Wir alle haben Ressourcen, die entdeckt werden wollen und die uns Kraft geben. In der Beziehung, die Sie mit sich selbst pflegen, spielt

Selbstakzeptanz eine große Rolle. Anstatt sich ständig und unverhältnismäßig zu kritisieren, sollten Sie sich Ihre Stärken vor Augen führen, Dankbarkeit entwickeln für alles, was Sie bereits geschafft haben, und Ihre Erfolge feiern. Sich selbst zu akzeptieren, bildet die Grundlage für ein gesundes Selbstwertgefühl. Ein zentrales Element der Beziehungspflege mit uns selbst ist die Selbstfürsorge. Wenn wir uns gut um uns kümmern, haben wir mehr Energie und Ausdauer für die Arbeit und die Beziehungspflege. Wenn wir uns selbst hingegen vernachlässigen, fühlen wir uns schneller ausgelaugt und können weniger Zeit und Aufmerksamkeit für unsere Beziehungen zu anderen aufbringen.

Ich kann Ihnen nur raten: Begegnen Sie sich im inneren Dialog mit Wohlwollen und Wertschätzung. Tun Sie Dinge, die Ihnen Freude bereiten und guttun. Sorgen Sie für sich. Indem Sie sich selbst Ziele stecken und Grenzen setzen, verhindern Sie, zum Spielball anderer zu werden, und nehmen stattdessen die Sache selbst in die Hand – auch das ist ein Akt der Selbstfürsorge.

Etliche Studien belegen, wie positiv Dankbarkeit die Güte von Beziehungen beeinflusst. Dankbarkeit auszusprechen, hebt die Stimmung, fördert das Gefühl der Verbundenheit und stärkt das gegenseitige Vertrauen.

Das Gleiche gilt für Lob. Wenn wir aufrichtige Anerkennung äußern, wird es die andere Person uns höchstwahrscheinlich gleichtun. Das bedeutet, wenn wir selbst wertschätzend kommunizieren, fördern wir damit automatisch eine angenehme Gesprächskultur.

Beziehungen neu zu gestalten, indem Sie Kommunikationsmuster ändern, kostet Überwindung. Gerade für Menschen mit dem »Disease to please«, dem Wunsch zu gefallen, ist es schwer, Bedürfnisse zu äußern und anderen Grenzen aufzuzeigen, die diese vorher unkommentiert übertreten konnten.

So ging es unserer Klientin, einer Account-Direktorin, Mitte 40, die in einer Werbeagentur arbeitete. Sie hatte die abwertenden Kommentare und Unterbrechungen ihrer männlichen Kollegen in Meetings bisher immer still erduldet. Im Rahmen ihres Job Crafting hatte sie sich zur Stärkung ihrer Position vorgenommen, diese Grenzüberschreitung nicht weiter zuzulassen. Weil es sich allerdings um einen lang existierenden Automatismus handelte, fielen ihr die Beleidigungen in der akuten Situation während des Meetings gar nicht mehr auf. Erst später wurde ihr klar, dass sie das Verhalten ihrer Kollegen nicht in Ordnung fand. Um das Bild der unkomplizierten lustigen Kollegin weiterhin aufrechtzuerhalten, suggerierte ihr Unbewusstes ihr, sie müsse jetzt »nicht so ein Fass aufmachen«. Ohnehin fühlte sich die Verletzung einige Tage später schon gar nicht mehr so schlimm an.

Genau an diesem Punkt ist es ungeheuer wichtig, an den eigenen Job-Crafting-Maßnahmen festzuhalten. Die Klientin musste die wenig förderliche Komfortzone verlassen und sich selbst das Signal geben: »Du bist es wert, für dich einzustehen. Du hast, wie jeder andere auch, Respekt verdient.« Die Beziehung zu sich selbst und damit langfristig zu anderen authentisch zu gestalten, war eines der Ziele aus dem Beratungsprozess, an dem sie festhalten sollte. Ich habe sie deshalb ermutigt, auch drei Tage nach dem Meeting noch eine E-Mail zu verfassen, in der sie formulierte, weshalb das Verhalten der Kollegen für sie nicht in Ordnung war und wie sie es sich in Zukunft anders wünschte. Einige Wochen später berichtete sie mir sichtlich erfreut, dass die Reaktion eines angesprochenen Kollegen zu ihrem Erstaunen weder abwehrend noch despektierlich war. Im Gegenteil: Er entschuldigte sich, war leicht beschämt und sehr an der gemeinsamen Gestaltung einer positiven Kommunikationskultur interessiert. Dieses Beispiel verdeutlicht auch, dass wir unseren Mitmenschen durch ehrliche Beziehungsgestaltung eine Wachstumsmöglichkeit bieten. Oft ist unserem Gegenüber die Wirkung seines Verhaltens nämlich nicht bewusst, bis sie ihm gespiegelt wird.

Energiemanagement: Umgang mit Ressourcen

Unter energiebezogenem Job Crafting verstehe ich den Prozess, aktive Veränderungen vorzunehmen, die das physische, emotionale, mentale und spirituelle Energielevel erhöhen. Sollte Ihnen der Job mehr Energie rauben, als er Ihnen gibt, geraten Sie unweigerlich in ein Energiedefizit. Job Crafting soll Ihre Arbeit so verändern, dass die beruflichen Anforderungen an Ihre individuellen Ressourcen angepasst werden, dass sie Sie weder über- noch unterfordern und am Ende eine gute Work-Life-Balance steht. Entsprechende Ideen, wie Sie Ihr Energielevel über aufgaben-, arbeitsweise- und beziehungsbezogenes Job Crafting positiv beeinflussen können, haben Sie bereits entwickelt.

Energiemanagementstrategien zielen zudem darauf ab, unsere Energiespeicher so gut aufzufüllen, dass wir den Arbeitsanforderungen unseres Traumjobs gerecht werden können. Statt ausschließlich die Zeit zu managen, sollten wir uns auf die Verwaltung unserer Energie konzentrieren, um mehr Zufriedenheit im Beruf zu erlangen. Denn, wie Sie bereits wissen, kann Energie, anders als Zeit, erneuert werden.

Eine gute Energiemanagementstrategie setzt zwei Dinge voraus: Erstens sollten Sie wissen, was Sie mit Energie versorgt und was Ihnen Kraft abzieht, und zweitens bewusst steuern können, wo Sie Ihre Energie investieren.

Ich erlebe viele Menschen, die eine Menge Energie verlieren, weil sie ihre Aufmerksamkeit nicht bewusst auf das richten, was ihnen guttut. Negativität und Pessimismus beispielsweise sind energetisch betrachtet ein schwarzes Loch (dazu mehr im nächsten Abschnitt über kognitives Job Crafting). Energiebezogenes Job Crafting bedeutet: Sie entwickeln Strategien adäquater Selbstfürsorge und etablieren Maßnahmen, mit denen Sie Ihr Energielevel während der Arbeit besonders hochhalten können. Es ist nicht nur wichtig, *dass* Sie regelmäßige Pausen einlegen, sondern vor allem, *wie* Sie Ihre Pausen verbringen. Dafür wiederum müssen Sie wissen, welchen Ihrer Energiespeicher – den physischen, geistigen, emotionalen oder spirituellen – Sie gerade aufladen wollen, um sich ganz in Ihrer Kraft zu fühlen.

Für die Stärkung Ihrer physischen Energie sollten Sie eine Antwort auf die Frage finden, was Ihnen körperlich guttut.

Wenn Sie sich während eines gewöhnlichen Arbeitstages beobachten: Legen Sie regelmäßig Bewegungspausen an der frischen Luft ein, um Ihre Durchblutung zu fördern? Machen Sie zwischendurch kleine Dehnübungen, die Ihre Muskeln entspannen und Ihre Flexibilität erhöhen? Oder haben Sie schon mal probiert, welche Effekte es hat, wenn Sie mit gezielten Atemübungen Sauerstoff in den Körper bringen und Ihr Stresslevel regulieren? All diese Tipps sind einfach umzusetzen und vor allem eine Frage der Entscheidung. Achten Sie außerdem auf eine ausgewogene Ernährung, die Sie während des Arbeitstages wirklich mit allen wichtigen Nährstoffen versorgt und Ihren Magen nicht zu sehr belastet, sowie darauf, ausreichend zu trinken. Diese Punkte mögen sich wie Selbstverständlichkeiten lesen, doch in unseren Beratungen erleben wir immer wieder, wie schwer es Menschen fällt, im Arbeitsalltag auf ihre Bedürfnisse zu achten.

Manchmal sind es nur Kleinigkeiten, die das körperliche Wohlbefinden beeinflussen, und sie lassen sich sehr schnell ändern. Ich erinnere mich an eine Notariatsfachangestellte, Anfang 30, die aus Angst, nicht kompetent genug zu wirken, High Heels und enge, formelle Kleidung trug. Allerdings fühlte sie sich in dem unbequemen Outfit in ihrer Bewegungsfreiheit eingeschränkt und regelrecht unwohl in ihrer Haut. Das Resultat ihrer Bemühungen: eine schlechte Körperhaltung, Konzentrationsschwierigkeiten und weniger statt mehr Souveränität. Ihre Aufmerksamkeit war ständig dort, wo gerade irgendetwas ziepte und klemmte. Dieser missliche Zustand ließ sich relativ leicht beheben. Mit einem »Business Casual«-Outfit und Loafers fühlte sich die Klientin immer noch professionell angezogen, aber wieder standfest und sicher. Sie fand zu ihrer inneren Klarheit und Entscheidungsfähigkeit zurück und strahlte auf natürliche Weise Kompetenz aus, und das ganz ohne »Verkleidung«.

Eine hohe emotionale Energie zeigt sich darin, dass wir uns widerstandsfähig und motiviert fühlen. Wir können die Herausforderungen des Arbeitslebens gut bewältigen. Neben körperlicher Gesundheit, unterstützenden Beziehungen und einem möglichst geringen Stresslevel haben vor allem Selbstfürsorgestrategien Einfluss auf unser emotionales Energielevel. Genau dort sollten Ihre Job-Crafting-Maßnahmen ansetzen. Eine Dankbarkeitspraxis hilft Ihnen, den Fokus auf das zu lenken, was Sie im Leben mit Kraft versorgt. Sie können sie morgens anwenden, um motiviert in den Tag zu starten, oder abends, um ihn positiv abzuschließen.

Erkennen Sie Erfolge an. Nehmen Sie sich Zeit, Ihre Fortschritte und Errungenschaften zu feiern. Lachen ist ein wunderbares Mittel, um

Stress abzubauen und Ihre Stimmung zu heben. Ein Coaching kann Sie dabei unterstützen, Ihr Selbstmitgefühl zu erhöhen, um ein tiefes Verständnis für sich selbst und die Bedürfnisse und Gefühle anderer Personen zu entwickeln. Am Ende des Arbeitstages können Sie reflektieren, was Sie als positiv und was als negativ empfunden haben und welche Emotionen die jeweiligen Situationen in Ihnen ausgelöst haben.

Wenn Sie sich die eigenen Gefühle bewusst machen und sie genau benennen können, werden Sie ein besseres Verständnis für sich selbst entwickeln und Ihre emotionale Intelligenz weiter ausbilden.

So können Sie Ihre emotionalen Trigger – häufig sind das Gefühle von Kritik, Ablehnung, Ungerechtigkeit, Konflikte oder Überforderung – erkennen und lernen, angemessen darauf zu reagieren.

Ein Chirurg, Mitte 50, hatte Schwierigkeiten, seine Emotionen im Operationssaal zu regulieren. Er neigte dazu, bei Komplikationen, kleinen Fehlern der OP-Assistent*innen oder unerwarteten Situationen erst ängstlich und dann wütend zu werden, was zu Spannungen im Team führte. Um seine Emotionen besser steuern zu können, nahm er an einem Stressbewältigungskurs teil und entwickelte eine tägliche Meditationspraxis. Vor jeder Operation führte er für das gesamte Team eine »Mindful Minute« ein, in der er die Geschichte des Patienten auf dem Operationstisch erzählte. Dieses kleine Ritual hatte große Wirkung: Mit der Geschichte verstärkte er die Empathie des OP-Teams und schaffte gleichzeitig eine ruhigere und ausgeglichenere Herangehensweise an die Arbeit für sich und die anderen.

Dieses Beispiel macht deutlich, weshalb es sich lohnt, genug Zeit einzuplanen, um Ihre Emotionen zu verarbeiten und die emotionale Energie zu regenerieren. Hierfür reicht vielleicht schon ein kleiner Mittagsspaziergang um den Block. Sie erkennen, in welchen Situationen es nötig ist, Grenzen zu setzen oder zu respektieren, um Ihre emotionale Energie zu bewahren. Wenn in Ihrem Team eine Vertrauensatmosphäre herrscht, können Sie Rollenspiele nutzen, um verschiedene Szenarien wie eine Gehaltsverhandlung oder ein Verkaufsgespräch zu proben und Ihre Gefühle und Reaktionen darauf zu erkunden. Wenn Sie Wege finden, Ihre Emotionen – auch im Job – kreativ auszudrücken oder zu verarbeiten, kann das Ihre emotionale Energie ins Gleichgewicht bringen. Auch Musik, die Ihre Stimmung widerspiegelt, kann eine kraftvolle Möglichkeit sein, Emotionen zu verarbeiten.

Ein Klient, Anfang 40, arbeitete im Vertriebsinnendienst eines Onlinehändlers. Er ließ sich häufig von der Negativität seiner Kund*innen überwältigen, was dazu führte, dass er sich gestresst und emotional erschöpft fühlte. Nach der Beratung legte er sich ein Büchlein zu, in das er während der Arbeit am Telefon kleine Skizzen, Scribbles oder Mindmaps zeichnete oder nach den Gesprächen kurze Texte schrieb, um die Negativität zu kanalisieren und seine Emotionen zu verarbeiten.

Ihre mentale Energie ist entscheidend für Ihre Fähigkeit, konzentriert und produktiv zu arbeiten. Um sie zu fördern und aufrechtzuerhalten, sollten Ihre Job-Crafting-Maßnahmen darauf ausgerichtet sein, eine ausgewogene Kombination aus Anregung, Entspannung und Achtsamkeit herzustellen. Welche Mischung Ihnen guttut, ist auch davon abhängig, wie extra- oder introvertiert Sie sind.

Sorgen Sie für ein Gleichgewicht zwischen geistiger Anstrengung und Entspannung, indem sich gemäß Ihrem Biorhythmus Perioden intensiver Arbeit mit Phasen abwechseln, in denen Sie zur Ruhe kommen. Sie können Ihre mentale Energie fördern, indem Sie Smartphone-Benachrichtigungen und andere Ablenkungen reduzieren und während Ihrer Pausen komplett auf Bildschirmzeit verzichten, um Ihren Augen und Ihrem Geist Erholung zu gönnen. Mit Atemübungen, Meditation, Schreibtischyoga oder anderen Achtsamkeitstechniken können Sie Ihren Geist beruhigen und ihm helfen, sich zu fokussieren.

Ihr Gehirn liebt jedoch auch Wachstum und Anregung: Im Brainstorming mit Kolleg*innen gewinnen Sie neue Ideen und Perspektiven und mit Büchern, Seminaren oder Onlinekursen können Sie sich weiterbilden und inspirieren lassen, um die mentalen Speicher aufzuladen. Manchen hilft es auch, den Erfolg der eigenen Arbeit zu visualisieren, um die Motivation zu steigern. Hintergrundmusik kann, ebenso wie eine saubere und ordentliche Arbeitsatmosphäre, Ihre Konzentration fördern.

Damit Ihr Geist nicht durch Monotonie ermüdet, sollten Sie abwechslungsreiche Aktivitäten und Herausforderungen in Ihren Arbeitsalltag integrieren, die ihn stimulieren und motivieren.

Denken Sie in diesem Zusammenhang auch an Ihre spirituelle Energie – die innere Kraft, die aus dem Sinn und Zweck des Lebens, den persönlichen Werten und der Verbundenheit mit etwas Größerem als uns selbst entsteht. Sie kann Ihnen helfen, Kraft, Trost und Orientierung in herausfordernden Situationen zu finden. Auch diesen Energiespeicher können Sie während Ihrer Arbeit auffüllen, indem Sie regelmäßig über Ihre persönlichen Werte, Ziele und Prioritäten reflektieren, um sicherzustellen, dass Ihre Arbeit im Einklang mit Ihrer spirituellen Entwicklung steht.

Überprüfen Sie jede berufliche Entscheidung dahingehend, ob sie mit Ihren persönlichen Werten übereinstimmt. Außerdem können Sie spirituelle Praktiken einbinden, die Ihnen persönliche Stärke geben oder Sie erden: eine Kerze anzünden, ein energetisches Raumspray versprühen, ein Gebet, Mantra oder positive Affirmationen aufsagen, inspirierende Texte zu Beginn oder am Ende des Tages lesen und so weiter. Üben Sie achtsames Arbeiten, indem Sie sich vollkommen auf die gegenwärtige Aufgabe konzentrieren und Ihre Gedanken, Emotionen und körperlichen Empfindungen bewusst spüren. Auf diese Weise lässt sich Stress abbauen und Sie können eine tiefere Verbindung zu Ihrer Arbeit herstellen. Vielleicht möchten Sie sich auch mit inspirierenden Zitaten oder Bildern umgeben, die Ihre spirituellen Werte widerspiegeln und Ihnen helfen, sich auf das Wesentliche zu konzentrieren.

Manche meiner Klient*innen erinnern sich zum Beispiel mithilfe kleiner Erinnerungsstücke oder eines Armbands an ihre innere Kraft. Sie können eine Haltung entwickeln, durch die Sie anderen und sich selbst vergeben, um innere Konflikte schneller und befriedigender zu lösen. Kleine Momente der Stille während des Arbeitstages fördern innere Ruhe und spirituelle Klarheit.

Energiebezogene Job-Crafting-Maßnahmen sind nur schwer einem einzelnen energetischen Bereich zuzuordnen. Eine individuell abgestimmte Pausenplanung oder kleine Achtsamkeitsrituale wirken sich immer positiv auf das generelle Energielevel aus.

Einstellungssache: Mentale Neugestaltung der Arbeit

Kognitives oder einstellungsbezogenes Job Crafting zielt auf die mentale Neugestaltung Ihrer Arbeit ab. Sie verändern die Wahrnehmung Ihres Jobs bewusst zum Positiven, sodass Sie ihn als bedeutsam, sinnvoll und wertvoll erleben. Wie soll das gehen? Indem Sie die Perspektive auf Ihre Aufgaben oder Ihre Stelle verändern, sie neu interpretieren und Ihren Job in einen größeren Sinnzusammenhang stellen, geben Sie ihm eine andere Bedeutung und bewirken eine Veränderung im eigenen Erleben. Fragen Sie sich, wem Ihre Arbeit zugutekommt, wem Sie mit Ihrem Tun helfen, welche Werte Sie leiten und was der übergeordnete Zweck Ihres Schaffens ist. Ihr Anteil mag Ihnen im Gesamtzusammenhang noch so klein erscheinen, doch auch er hat Einfluss auf das große Ganze.

Sobald Sie erkennen, dass Ihre Arbeit einen positiven Einfluss auf das Unternehmen, einzelne Menschen, ein ganzes System oder Ihre persönliche Entwicklung hat oder in irgendeiner Form zum Wohl der Gesellschaft beiträgt, sind Sie zufriedener.

Geschichten von Klient*innen, in denen die Umdeutung der eigenen Arbeit oder Rolle zu mehr Zufriedenheit geführt hat, gibt es viele: Eine IT-Analystin, die zu mir in die Beratung kam, fühlte sich im Krankenhaus permanent als »Prügelknabe« zwischen medizinischem Personal auf der einen und IT-Abteilung auf der anderen Seite. Das änderte sich, als sie ihrer Position eine neue Bedeutung gab. Sie sah sich als mediative Innovatorin, deren IT-Prozesse die Gesundheitsversorgung der Zukunft sichern. So konnte sie die oft schwierige Kommunikation mit beiden Parteien in einem Raum als Brainstorming werten, in dem beim Aufprall unterschiedlicher Meinungen der Funke der Wahrheit sprüht.

Ähnlich starke Wirkung zeigt auch die Umdeutung, die dieser Klient vornahm: Statt sich als kleines Rädchen in der Verwaltung der Stadtentwicklungsbehörde zu empfinden, konnte ein Sachbearbeiter, Ende 50, neue Motivation schöpfen, indem er seine Arbeit als Beitrag zur Reduzierung von Emissionen und zur Schaffung einer nachhaltigeren Stadt betrachtete. Auch ein Sozialarbeiter, Ende 40, identifizierte sich plötzlich wieder voll mit seinem Job, als er seinen Fokus nicht länger auf die Beratung von Einzelfällen richtete. Er sah stattdessen seinen wichtigen Anteil daran, eine gerechtere und inklusivere Gesellschaft zu schaffen, in der Menschen in Not Unterstützung und persönliche Stärkung erfahren.

Wie groß der Einfluss unserer Perspektive auf die Arbeit ist, zeigt auch das Beispiel einer Werbetexterin Mitte 30. Bisher hatte sie ihren Job nur als Teil der Kampagnenerstellung betrachtet. Nun sah sie ihre Arbeit als Möglichkeit, kreative Lösungen zu entwickeln; sie half Unternehmen dabei, ihre Geschichten zu erzählen und mit ihrem Publikum authentisch in Kontakt zu treten. Diese Sichtweise verlieh ihrer Arbeit wieder Sinn und ließ sie abends zufrieden nach Hause gehen.

> **Wenn Sie Ihre langfristigen Ziele, die mit Ihrem persönlichen und beruflichen Wachstum übereinstimmen, im Auge behalten, geben Sie Ihrer Arbeit eine sinnvolle Perspektive.**

Ihre tagtäglichen Aufgaben und Projekte gewinnen an Bedeutung. Selbst wenn Sie weniger spannende Aufgaben erledigen müssen, sehen Sie diese als Gelegenheit, Erfahrungen zu sammeln und Ihre Fähigkeiten auszubauen. Versuchen Sie, Ihre einzelnen Aufgaben nicht isoliert zu betrachten, sondern sie in Ihre übergeordnete Karriereentwicklung einzubetten. Indem Sie verschiedene Aufgaben miteinander verbinden, können Sie ein größeres Ganzes sehen und verstehen, wie Ihre Arbeit zu diesem Gesamtbild beiträgt. So ging es einem aufstrebenden Architekten, Ende 20, der sich in der Beratung das Ziel gesetzt hatte, eines Tages nachhaltige und innovative Gebäude zu entwerfen. In der Zwischenzeit war er bereit, an kleineren Projekten und bürokratischen Aufgaben zu arbeiten, weil er erkannte, dass diese Erfahrungen ihm helfen würden, seine technischen Fähigkeiten und sein Verständnis für Bauregulierungen zu entwickeln. Außerdem stellte er sich vor, wie er eines Tages Leute in seiner jetzigen Position führen würde.

Um die Bedeutung Ihrer Arbeit mehr zu spüren, hilft es, wenn Sie die Bedürfnisse und Erwartungen der Kund*innen oder Stakeholder kennen und wenn Sie verstehen, wie Ihre Arbeit dazu beiträgt, diese zu erfüllen.

Wenn Ihnen bewusst ist, in welchem Maß Sie mit Ihrer Arbeit zum Unternehmenserfolg beitragen, kann Sie das enorm motivieren. In diesem Zusammenhang könnten Sie auch Ihren Jobtitel anpassen, sodass er besser zu Ihren Aufgaben, Fähigkeiten und dem Zweck Ihrer Arbeit passt. Ich erinnere mich an eine Marketingassistentin, Mitte 20, die irgendwann in Zukunft Marketingdirektorin in einem Kosmetikunternehmen sein wollte. Ihre täglichen Routineaufgaben, wie das Verwalten von Social-Media-Kanälen und das Aktualisieren von Datenbanken, erfüllte sie durch ihre persönliche Einordnung mit Sinn: Sie trug aktiv dazu bei, die Kundenbedürfnisse zu verstehen und zu erfüllen und damit das Unternehmen erfolgreicher zu machen. Um besser zu verdeutlichen, wie ihre Fähigkeiten und täglichen Aufgaben halfen, den Unternehmenserfolg voranzutreiben, wurde ihr Jobtitel in »Marketing- und Kommunikationsassistentin« geändert.

Integrieren Sie Ihre wichtigsten Werte in Ihre tagtäglichen Arbeitsentscheidungen, um das Gefühl der Bedeutsamkeit Ihres Jobs zu verstärken. Die Zusammenarbeit mit Menschen, die Ihre Werte teilen, macht Ihre Arbeit über das Gemeinschaftserlebnis und das Gefühl der sozialen Unterstützung wertvoll. Sie können auch nach Vorbildern und Mentor*innen in Ihrer Organisation suchen, um den Zweck der eigenen Arbeit in einen anderen Zusammenhang zu bringen.

Kognitives Job Crafting bedeutet auch, dass Sie eine förderliche persönliche Haltung entwickeln sowie Ihre innere Einstellung zur Arbeit im Allgemeinen und Ihrem Job im Speziellen zum Positiven verändern. Unsere innere Haltung und wie wir über unsere Arbeit denken, hat einen erheblichen Einfluss darauf, welche Erfahrungen wir im Job machen. »Gefühle folgen Gedanken« meint im Grunde, dass unsere Emotionen und Stimmungen von unseren Überzeugungen bestimmt werden. Wenn Sie denken, Sie seien nicht gut genug, fühlen Sie sich möglicherweise unsicher oder ängstlich. Wenn Sie der Überzeugung sind, Ihren Aufgaben gut gewachsen zu sein, können Sie sich zuversichtlich fühlen. Die Macht der Gedanken zeigt sich sogar körperlich.

Das können Sie ganz einfach ausprobieren: Stellen Sie sich vor, wie Sie in eine Zitrone beißen – garantiert läuft Ihnen dabei das Wasser im Mund zusammen.

Stellen Sie sich einen Grundschullehrer vor, der davon überzeugt ist, alles perfekt machen zu müssen. Diese Einstellung führt mit der Zeit zu Stress und dem Gefühl von Überforderung. Es wird ihm irgendwann so vorkommen, als seien die Anforderungen des Lehrerberufes einfach unmenschlich hoch, und er wird mit seinen Arbeitsergebnissen nicht zufrieden sein. Durch eine Verschiebung seines Fokus auf die Leidenschaft, die ihn einst dazu bewogen hat, Lehrer zu werden – zum Beispiel, um einzelne Kinder in ihrem Wachstum zu fördern, ihren Wissensdurst zu wecken und ihren Lernprozess zu begleiten –, kann er seinen Job wieder als lohnend und erfüllend erleben.

Ein anderes Beispiel: Eine Karriereberaterin ist der Überzeugung, dass wohlhabende Menschen überkritisch und unverschämt sind und keine Unterstützung von ihr brauchen, weil sie ohnehin alles haben. Dementsprechend sinnlos findet sie die Beratung von Personen mit gutem finanziellem Hintergrund. Erst als sie lernt, das Verhalten der Kund*innen als einen Hilferuf zu interpretieren, erkennt sie die Bedeutsamkeit ihrer Arbeit. Sie ändert ihren Glaubenssatz in »Jeder Mensch hat unabhängig von seinem finanziellen Status seine persönliche Entwicklungsgeschichte. Das Streben nach persönlichem Wachstum und Erfolg ist in jeder Person achtens- und unterstützenswert« und entwickelt eine positive Haltung gegenüber wohlhabenden Kund*innen.

Diese Beispiele enthalten vier wichtige Erkenntnisse. Erstens hat das, was wir über eine Sache denken, großen Einfluss darauf, wie sie auf uns wirkt und wie wir sie erleben. Zweitens:

Dinge können sich ändern, wenn wir unseren Blick auf sie verändern.

Denn das, worauf wir unsere Aufmerksamkeit richten, versorgen wir mit Energie. Und alles, was Energie erhält, wird größer – Positives wie Negatives. Eine Veränderung in unserer Einstellung kann die Art und Weise verändern, wie wir unser Leben führen. Drittens kommt dem Thema Eigenverantwortung eine große Bedeutung zu. Wenn wir das Außen anklagen und die Schuld für die eigene Unzufriedenheit im Gegenüber sehen, fühlen wir uns als Opfer der Umstände, hilflos und ausgeliefert. Wenn wir hingegen ein gesundes Selbstwirksamkeitsempfinden entwickeln und Verantwortung für uns selbst übernehmen, fühlen wir uns frei und kraftvoll, wir werden zu Gestaltern unseres (Berufs-)Lebens. Viertens zeigt sich, dass Wachstumsdenken – also der Glaube an die eigene Entwicklungsfähigkeit – wesentlich förderlicher für unsere Zufriedenheit ist als die Überzeugung, dass man sich selbst nicht verändern kann.

Destruktiven Denkmustern können Sie mit verschiedenen Strategien entgegenwirken, die alle darauf ausgerichtet sind, Ihren Fokus bewusst auf bestimmte Gedanken oder Ziele zu lenken. Üben Sie sich zunächst in Achtsamkeit und reflektieren Sie Ihre Gedanken und Gefühle in Ruhe, um ein Bewusstsein für Ihre hinderlichen Gedankenmuster zu entwickeln. Nur das, was Sie greifen können, können Sie bewusst steuern. Verändern Sie Ihren Blick auf Situationen, indem Sie willentlich eine neue Perspektive einnehmen und das Positive in den Fokus nehmen. Beantworten Sie dafür die Frage: »Was ist, wenn ich die Situation komplett falsch einschätze und sie in Wirklichkeit ganz anders ist? Wie würde ich sie dann beschreiben?«

Das Gleiche gilt für den inneren Dialog: Konzentrieren Sie sich auf die Eigenschaften, die Sie an sich selbst schätzen, auf Ihre Fähigkeiten und Erfolge.

Ein gutes Selbstgespräch enthält Selbstmitgefühl, Dankbarkeit und liebevolle Ermutigungen.

Sie können sich auch Unterstützung in Ihrem persönlichen Umfeld suchen oder ein Mentoring oder Coaching in Anspruch nehmen, um negative Denkmuster zu durchbrechen und zu verändern.

Innere Überzeugungen sind an sich nichts Schlechtes. Sie geben uns Orientierung, indem sie es uns leichter machen, Informationen zu interpretieren. Hat eine Person beispielsweise die Einstellung »Arbeit kann Spaß machen«, geht sie ihrem Job mit Freude nach. Ist sie zusätzlich von dem Glaubenssatz »Ich kann mich auf meine Fähigkeiten verlassen« überzeugt, sieht sie schwierige Situationen als Chance und sucht aktiv nach Lösungen. Negative Einstellungen hingegen sorgen für schlechte Stimmung und lösen unangenehme Gefühle in uns aus. Negative Glaubenssätze ziehen Selbstlimitierung, Selbstkritik und Stress nach sich und hindern uns, erfolgreich zu sein. Ein Mensch, der den Glaubenssatz »Mein beruflicher Erfolg hängt von äußeren Umständen ab, auf die ich keinen Einfluss habe« in sich trägt, bewertet Herausforderungen negativ. Er übernimmt wahrscheinlich kaum Selbstverantwortung, setzt sich keine ehrgeizigen Ziele und verfällt leicht in Passivität. Hätten nun beide Personen die Chance auf ein neues Projekt, würde sich ihr Umgang damit stark unterscheiden.

Das Mantra »Arbeit muss hart und anstrengend sein, damit sie wertvoll ist« kann paradoxerweise dazu führen, dass die so denkende Person sich unnötig schwierige Aufgaben sucht, um sich selbst zu bestätigen, oder dass sie ineffiziente Arbeitsmethoden wählt, um innere Gewissheit über die eigene Weltsicht zu verspüren. Diese Einstellung führt irgendwann zu Überarbeitung, Erschöpfung und Burn-out.

Eine Haltung wie »Arbeit bietet Möglichkeiten zur persönlichen und beruflichen Weiterentwicklung« hingegen fördert die Bereitschaft, sich neuen Herausforderungen zu stellen und sich kontinuierlich weiterzubilden. Wer seine Fähigkeiten und Kenntnisse erweitert, ist erfolgreicher und erfüllter im Beruf und erhöht zudem seinen Wert auf dem Arbeitsmarkt.

»Fehler sind inakzeptable Zeichen von Schwäche« – ein Glaubenssatz wie dieser schürt die Angst, Risiken einzugehen, und lässt uns übermäßig selbstkritisch sein. Kreatives Denken und persönliches Wachstum wird es kaum geben, weil wir nicht bereit sind, aus Fehlern zu lernen. Anders bei dieser Haltung: »Fehler sind Gelegenheiten zum Lernen und Wachsen.« Diese Überzeugung fördert eine positive Einstellung gegenüber Rückschlägen, wer so denkt, kann ein widerstandsfähigeres und anpassungsfähigeres Arbeitsverhalten entwickeln.

> **Wenn wir uns unserer gestalterischen Energie bewusst werden, wenn wir Eigenverantwortung übernehmen und unsere Einstellung aktiv steuern, ist das ein sehr kraftvoller Akt. Genau da setzt kognitives Job Crafting an.**

Kognitives Job Crafting zielt durch differenzierte Arbeit an der inneren Einstellung darauf ab, dass wir eine positive Haltung gegenüber Arbeit im Allgemeinen und unserem Job im Speziellen einnehmen.

Um die Unzufriedenheit im Job zu reduzieren, die durch Überzeugungen wie »Ich werde nie die Anerkennung erhalten, die ich verdiene«, »Arbeit ist nur ein notwendiges Übel« oder »Ich kann nur erfolgreich sein, wenn ich hart arbeite und mich ständig aufopfere« entsteht, sollten Sie an Ihren Glaubenssätzen arbeiten. Eigene, häufig schon lange etablierte innere Überzeugungen zu verändern, ist nicht leicht, da wir uns nach Stabilität sehnen und gerne in unserer Meinung bestätigt werden. So suchen wir – meist unbewusst – Beweise für unsere negative innere Einstellung, um zu belegen, dass sie richtig ist.

Anstatt nach Bestätigung für Ihre Haltung zu suchen, sollten Sie lieber eine innere Einstellung anstreben, die nützlich ist und Ihnen guttut. Techniken wie kognitive Umstrukturierung, Achtsamkeit oder die Begleitung durch einen Coach oder eine Therapeutin können helfen, negative Glaubenssätze zu identifizieren, zu hinterfragen, loszulassen und durch positive und realistische Überzeugungen zu ersetzen. Betrachten Sie diese Vorgänge als Prozess, der Zeit und Übung benötigt – anfangen können Sie gleich jetzt. Besonders für die intrinsische Motivation und die Freude an der eigenen Arbeit ist es enorm wichtig, Ihre eigenen Bemühungen, Leistungen und Arbeitsergebnisse wohlwollend zu bewerten. Lernen Sie, Erfolge zu feiern, konstruktives Feedback anzunehmen und fassen Sie langfristige Ziele für sich ins Auge, auf die Sie sich freuen und für deren Erreichung sich der Einsatz im Hier und Jetzt lohnt.

Unrealistische Erwartungen an sich selbst können Sie abbauen, indem Sie Ihre eigenen Kompetenzen zutreffend einschätzen und sich realistische Ziele setzen, um Druck oder Enttäuschung vorzubeugen. Lernen Sie, gut zu priorisieren und sich auf die wichtigsten Aufgaben zu konzentrieren. Machen Sie sich Ihre Erwartungen an Ihren Job bewusst und reflektieren Sie, inwiefern sie angemessen sind oder Enttäuschung programmiert ist. Suchen Sie das offene Gespräch mit Ihrer Führungskraft, um sich über die gegenseitige Erwartungshaltung auszutauschen.

Übernehmen Sie mehr Eigenverantwortung – machen Sie sich klar, dass Sie im Driver's Seat Ihrer Lebensgestaltung sitzen. Sätze wie »Ich kann nicht zufrieden sein, weil meine Kollegen so nervig sind« oder »Meine Chefin ist schuld, dass ich nicht aufsteige« ersetzen Sie durch »Ich lasse zu, dass meine Kollegen meine Stimmung beeinflussen« oder »Ich lasse zu, dass meine Chefin mich am Aufstieg hindert«. Die Formulierung »Ich lasse zu, dass …« statt »Es ist so, weil …« verändert Ihre Haltung. Statt sich als Opfer zu sehen, erkennen Sie Ihren eigenen Anteil an und werden sich Ihrer Verantwortung für die gewünschte Veränderung bewusst. Fällen Sie aktiv Entscheidungen, die Sie Ihren Wünschen näherbringen, und entwickeln Sie effektive Selbstmanagement-Strategien, um Ihre Ziele zu erreichen. Eigenverantwortung zu übernehmen, bedeutet, sich weder durch Rückschläge noch durch andere Menschen von der Gestaltung des eigenen Lebens abbringen zu lassen – und offen für Feedback zu sein, um sich gezielt weiterzuentwickeln.

Auch wenn es darum geht, den inneren Widerstand gegen Veränderungen abzubauen, hilft das Prinzip der Eigenverantwortung. Wenn Sie aktiv an Veränderungsprozessen teilnehmen, eigene Ideen einbringen und Bedenken äußern, haben Sie weniger das Gefühl, man würde Ihnen etwas überstülpen. So erkennen Sie die Chancen der Veränderung und können sie als Gelegenheit nutzen, zu lernen und persönlich wie fachlich zu wachsen. Fördern Sie Ihre Neugierde, seien Sie offen für neue Erfahrungen und Möglichkeiten und zeigen Sie Interesse an ungewöhnlichen Ideen und Perspektiven.

Ist vor allem Perfektionismus der Treiber Ihrer beruflichen Unzufriedenheit, lernen Sie auf der persönlichen Ebene, einen liebevollen inneren Dialog zu entwickeln. Auf der Sachebene geht es darum, jeglichen Fortschritt zu würdigen, anstatt Ihre Zufriedenheit nur davon abhängig zu machen, ob Sie ein bestimmtes Ziel erreicht haben. Setzen Sie realistische Ziele, planen Sie etwas mehr Zeit ein, als Sie es für gewöhnlich tun würden, aber geben Sie sich auch ein Zeitlimit und halten Sie sich daran.

Machen Sie es sich zur Regel, Ihre Abschlüsse und Erfolge mit einem kleinen Ritual zu feiern oder zumindest zu würdigen, auch wenn sie in Ihren Augen nicht perfekt sind. Achten Sie Ihre persönlichen Grenzen, betrachten Sie jeden Fehler als Lernchance und fragen Sie sich: »Welche neue Erkenntnis konnte ich dadurch gewinnen und wie wird sie mir in Zukunft nutzen?« Lernen Sie, anderen Personen zu vertrauen und Aufgaben abzugeben. Bitten Sie Ihr Umfeld um positives Feedback, um sich an Ihr eigenes Vorhaben, sich selbst wertschätzender zu betrachten, zu erinnern. Entspannungstechniken wie Meditation oder Yoga helfen Ihnen, den inneren Stress abzubauen.

Vielleicht trüben häufiger unangemessene Vergleiche Ihre Stimmung und erzeugen in Ihnen das Gefühl von Neid oder Frust oder beidem. Haben Sie sich schon einmal damit auseinandergesetzt, was genau Sie an der anderen Person bewundern und welches Gefühl Sie sich davon versprechen, genauso zu sein? Genau dort liegt Ihr Entwicklungspotenzial: Schneiden Sie nach Ihrem Empfinden im Vergleich mit Ihrer Kollegin, die sich in Präsentationen äußerst souverän gibt, schlecht ab, zeigt sich darin vielleicht Ihr Bedürfnis, an Ihren Kommunikations- oder Vortragsfähigkeiten zu arbeiten, um die Bewunderung des Teams zu erfahren.

Statt die Kollegin zu kopieren, sollten Sie sich auf die positiven Aspekte Ihrer eigenen Persönlichkeit konzentrieren. Welche Ihrer Stärken und Fähigkeiten könnten Sie nutzen, um mit Ihren eigenen Präsentationsleistungen zufriedener zu sein? Wie wäre es, wenn Sie die Ergebnisse Ihrer ausführlichen Datenerhebung besonders anschaulich grafisch darstellen? Darüber hinaus können Sie Zusammenarbeit fördern, anstatt andere Menschen als Konkurrenten zu sehen. Lassen Sie sich nicht von Vergleichen entmutigen, sondern nehmen Sie eine lernende Haltung ein und behalten Sie Ihre eigenen Errungenschaften im Auge. Identifizieren Sie die Aspekte Ihrer Arbeit, die für Sie persönlich wichtig sind, und betonen Sie sie in Ihrer Arbeitsidentität.

In diesem Kapitel haben Sie anhand von fünf Kategorien über konkrete Gestaltungsmöglichkeiten Ihrer Arbeit nachgedacht. Manchen meiner Kund*innen fällt es trotz vielschichtiger Erkenntnisse schwer, daraus persönliche Job-Crafting-Maßnahmen abzuleiten. Sie sagen, dass sie sich von der Komplexität überfordert fühlen und dass der Gedanke daran, was sie alles ändern müssten, um zufrieden zu sein, sie ermüdet.

In den meisten Fällen handelt es sich dabei um ein letztes Aufbäumen des »Ja, aber«. Veränderung kann auch Angst machen. Und wer sich auf konkrete Maßnahmen festlegt, geht damit eine verbindliche Selbstverpflichtung ein, die keine Ausreden mehr zulässt. Zu sagen »Ich kann das nicht«, ist ein Abwehrmechanismus unserer Psyche mit dem Ziel, dieser Verbindlichkeit zu entfliehen. Damit sie nicht zwei Schritte zurückgehen, nachdem sie gerade einen entscheidenden Schritt nach vorne gegangen sind, rate ich meinen Kund*innen, am Ball zu bleiben und Mut aufzubringen.

Ich empfehle ihnen, eher klein mit schnell umsetzbaren Veränderungen anzufangen, anstatt ihren Job zu einem großflächigen Restrukturierungsprojekt zu machen, das sie sofort wieder zurückschrecken lässt. In den meisten Fällen gelingt das mit einem Fokus auf die nahe Zukunft.

In der Beratung gehen wir gemeinsam die kommende Arbeitswoche durch und ich lasse mir erzählen, was die Klient*innen wann, wo, mit wem und wie machen werden. Wir filtern die Bestandteile der Woche heraus, die sie mit Energie versorgen, und listen jene auf, die ihnen Energie rauben. Anhand dieser Beispiele eruieren wir dann, wie die Arbeitswoche, die Interaktionen mit anderen, ihr Modus Operandi, ihr Energiemanagement und ihre Einstellung gestaltet sein müssten, damit sie (wieder) Freude an ihrem Job haben. Erfahrungsgemäß sprudeln spätestens dann die Ideen, denn während der ersten drei Schritte des Job-Crafting-Prozesses hat das Unbewusste alle gesammelten Daten bereits adäquat verarbeitet und bietet der Intuition nun Zugang zu den relevanten Informationen, die sie brauchen, um ihre Jobzufriedenheit zu steigern.

Schritt fünf: Der Blick in den Kalender – setzen Sie den Aktionsplan um

»Action!« Im letzten Schritt des Job-Crafting-Prozesses setzen Sie die abgeleiteten Maßnahmen zur Umgestaltung Ihres Jobs in die Praxis um. Sie konkretisieren, welche Optionen Sie innerhalb der gegebenen Strukturen haben, welche Ihrer Vorhaben entsprechend realisierbar sind, definieren konkrete Ziele und entwerfen Handlungspläne für Ihre Veränderungswünsche. Sie treffen Entscheidungen, was Sie wie und bis wann ohne die Mitwirkung anderer umsetzen können, finden heraus, wer Ihre Ansprechpartner*innen für alle sonstigen Vorhaben sind, und legen fest, mit wem Sie wann zu welchen Themen ins Gespräch gehen oder Verhandlungen führen, um Ihren Job nach Ihren individuellen Vorstellungen zu gestalten.

Job Crafting ist kein einmaliges Unterfangen, sondern ein kontinuierlicher Prozess. Sie implementieren nicht alle Maßnahmen auf einmal, sondern nähern sich der Idealvorstellung Ihres Jobs Schritt für Schritt an, um die Veränderungen nahtlos in die tägliche Arbeit integrieren zu können. Außerdem entwickeln Sie sich sowohl persönlich als auch beruflich beständig weiter, weshalb es sinnvoll ist, Ihren Job fortwährend dynamisch an Ihre veränderten Kompetenzen, Präferenzen, Werte und Bedürfnisse anzupassen.

Ziele setzen: Die s.m.a.r.t.e Formel

Die übergeordnete Vision Ihres Job-Crafting-Prozesses ist Ihre berufliche Erfüllung – ein richtungsweisender emotionaler Zustand in der Zukunft, für den Sie Bedingungen und Maßnahmen definiert haben, um ihm näher zu kommen. »Mehr Verantwortung übernehmen«, »Pünktlich Feierabend machen« oder »Besser im Austausch mit der

Vorgesetzten sein« klingen nach guten Vorhaben in Sachen Job Crafting, doch sie sind so ungenau formuliert, dass Ihr Inneres nicht weiß, was konkret zu tun ist, um dort hinzukommen. Erst wenn Sie klare, konkrete Ziele bestimmen, können Sie Ihre Entscheidungen und Handlungen intentional steuern und die Diskrepanz zwischen Ihrem derzeitigen und dem gewünschten Jobprofil überwinden. Insofern bestimmt auch die Qualität Ihrer Zielsetzung, wie erfolgreich Sie bei der Umsetzung Ihrer Job-Crafting-Maßnahmen sind.

Ein gut formulierter Plan lässt keinen Zweifel daran, wie genau Sie was genau mit wem genau bis wann genau tun.

In der Beratungspraxis hat sich die sogenannte s.m.a.r.t.e Formel bewährt, um die eigene Zielformulierung verbindlicher zu machen. Demnach sollte ein Ziel so spezifisch wie möglich aufgeschrieben werden **(s)**. Greifbare Ziele sind ein stabilisierender Faktor, wie ein Griff, an dem man sich festhalten kann. Sie wissen genau, worauf Sie sich einlassen, und richten die Aufmerksamkeit auf die einzelnen Facetten des Ziels. Wie nah Sie Ihrem Ziel kommen, wissen Sie dadurch, dass Sie es messbar **(m)** machen. So verdeutlichen Sie nicht nur Ihren Erfolg, sondern erkennen auch, ob Sie auf dem richtigen Weg sind, können Ihren Fortschritt berechnen und bei Bedarf nachsteuern.

Je attraktiver **(a)** ein Ziel zusätzlich ist, desto mehr Umsetzungsenergie setzen Sie frei. Stellen Sie sicher, dass Sie richtig Lust auf die Zielerreichung haben. Gleichzeitig sollte das Ziel auch realistisch **(r)** sein. Vielleicht klingt es für Sie unheimlich attraktiv, nur noch 20 Prozent zu arbeiten, doch mit Blick auf Ihre finanziellen Verpflichtungen stellen Sie fest, dass Ihr Ziel modifiziert werden sollte, um die Umsetzung wahrscheinlicher zu machen. Eine meiner Ausbilderinnen sagte zu mir: »Ziele sind Träume mit Terminen. Nur, was im Kalender steht, wird auch gemacht.« Es ist wichtig, die eigenen Vorhaben mit konkreten Zeiträumen und Daten zu versehen und anschließend Zeiten im Kalender zu blocken, in denen Sie sich ihrer Umsetzung widmen. Geben Sie Ihrem Ziel eine Deadline (**t** wie terminiert), vereinbaren Sie feste Termine zur Zielerreichung mit sich selbst und halten Sie diese ebenso gewissenhaft ein wie Termine, die Ihnen andere in den Kalender schreiben.

Zusätzlich sollten Sie jedes Ziel hinsichtlich seiner Effektivität **(e)** überprüfen: Wie wirksam und angebracht ist es im Hinblick auf Ihre Vision der beruflichen Zufriedenheit, sich diesem Ziel zum jetzigen Zeitpunkt zu nähern? Wenn Sie sich vornehmen, einen Marathon zu laufen, könnte Ihnen das vielleicht Freude bringen, würde aber nicht notwendigerweise in einem direkten Zusammenhang mit Ihrer Jobzufriedenheit stehen. Im Gegenteil, dieses Ziel könnte Sie womöglich so erschöpfen, dass Ihr berufliches Energielevel darunter leidet.

Ziele sollten darüber hinaus nicht als Willenserklärung, Zukunftsbeschreibung oder Negation formuliert werden. In der Praxis geschieht das ständig, beispielsweise indem wir sagen »Ich *möchte* mich besser abgrenzen« (Wille), »Ich *werde* die Qualität der Beziehungen zu meinen Kolleg*innen verbessern« (Zukunft) oder »Ich will *nicht mehr* so viel Energie in unliebsame Aufgaben und Multitasking investieren« (Negation). Stattdessen sollte ein Ziel in der Gegenwart und positiv artikuliert werden – als ob es bereits erreicht wäre. Der Hintergrund ist, dass Willensbekundungen innerlich als »Ja, richtig, so ist es, das willst du« eingestuft werden. Ihr Inneres nickt die Willensbekundungen quasi ab, als seien sie durchs Aussprechen erledigt, sodass sich aus ihnen keine Handlungsnotwendigkeit ergibt.

Zukunftsbeschreibungen bergen das Risiko, dass es sich nie dringend genug anfühlt, aktiv werden zu müssen, weil »morgen« oder »bald« immer in einer anderen Zeit liegen als in der Gegenwart. Negationen sind deshalb so gefährlich, weil das menschliche Gehirn auf »Ja« programmiert ist und Worte wie »nicht«, »nie« oder »kein« als Aufforderung nicht verarbeiten kann. Hören Sie den Satz »Denke nicht an ein weißes Pferd!«, stellen Sie sich sofort einen Schimmel vor, weil Ihr Gehirn vor allem »weißes Pferd« versteht.

Sagen Sie »Ich will nicht mehr …«, hört Ihr Unbewusstes den Befehl, genau das zu tun, was Sie eigentlich lassen wollen.

»Mehr Verantwortung übernehmen« könnte als wirksame Zielformulierung wie folgt ausgedrückt werden: »Ab dem 1. Juni leite ich das Projekt ›Empfehlungsmarketing optimieren‹ mit dem Ziel, eine Wiederempfehlungsrate von mindestens 75 Prozent zu erreichen. Dafür implementiere ich in Absprache mit der Marketingabteilung und dem

Wissensmanagement bis zum 31. Dezember mindestens fünf Strategien, die den Kundenservice, die Kommunikation über Social Media und das Content-Marketing verbessern. Im Zeitraum von Januar bis März des Folgejahres messe ich meinen Erfolg durch eine speziell darauf ausgerichtete Online-Kundenumfrage.«

»Pünktlich Feierabend machen« wird zu »Ich verlasse jeden Tag um 17.30 Uhr das Büro. Daran erinnere ich mich selbst durch das Klingeln meines Handyweckers um 17.00 Uhr. So habe ich eine halbe Stunde Zeit, meinen Arbeitstag zum Abschluss zu bringen«. Das Vorhaben »Besser im Austausch mit der Vorgesetzten sein« wird durch folgende Formulierung in ein smartes Ziel übersetzt: »Bis zum 31. März habe ich die Kommunikation und Zusammenarbeit mit meiner Vorgesetzten verbessert, indem ich in einem gemeinsamen Meeting am 1. Februar einen Jour fixe für jeden Montagmorgen mit ihr verabrede, an dem wir aktuelle Projekte, Herausforderungen, Fortschritte und Aufgaben für die Woche besprechen und ich sie um Feedback zu meiner Arbeit und Rolle bitte. Im Nachgang zu jedem Jour fixe sende ich ihr eine E-Mail, in der ich mich bedanke und ein Protokoll über das Gespräch anhänge. Bei offenen Fragen oder Unklarheiten spreche ich sie persönlich an. Dafür wähle ich den direkten Kontakt über einen Besuch in ihrem Office oder einen Telefonanruf, anstatt eine E-Mail zu schreiben.«

»Ich möchte mich besser abgrenzen« hat gute Chancen auf eine erfolgreiche Umsetzung, wenn Sie es so formulieren: »Tagtäglich aktualisiere ich meine Grenzen, indem ich auf jede Anfrage oder Bitte von außen mit ›Gib mir Zeit zum Nachdenken, ich komme morgen auf dein Anliegen zurück‹ antworte. Am Abend gehe ich in mich und entscheide, ob ich der Bitte nachkommen möchte. Ich mache es mir zur Regel, Aufgaben nur anzunehmen, wenn sie mir Freude bereiten, in meinen Wochenplan passen und innerhalb meiner Arbeitszeit von 40 Stunden zu schaffen sind. Alle anderen Anfragen lehne ich mit einem freundlichen ›Leider kann ich dich aus Kapazitätsgründen nicht in deinem Anliegen unterstützen‹ ab.«

»Ich möchte sichtbarer werden« braucht auch deshalb eine klare Zielformulierung, weil Sie dieses Vorhaben sicher ein bisschen Mut kostet. Schließlich werden Sie dafür zumindest teilweise Ihre bisherige Schutzzone verlassen müssen. Sie könnten zum Beispiel sagen: »Mit jedem offiziellen Termin werde ich sichtbarer, weil ich mindestens zwei Beiträge pro Meeting leiste. Ich bereite mich mit schriftlichen Notizen auf das Treffen vor, um meine Gedanken mit innerer Sicherheit vortragen zu können. Sollte mir jemand während meiner Redezeit ins Wort fallen, stehe ich für mich ein, indem ich ihn mit einem ›Könnten Sie bitte noch einen Moment zuhören, ich habe meine Idee noch nicht vollständig formuliert‹ höflich darauf hinweise, dass er mich unterbrochen hat.«

Aus der Aussage »Ich werde die Qualität der Beziehungen zu meinen Kolleg*innen verbessern« machen Sie lieber: »Jeden Tag arbeite ich an besseren Beziehungen zu meinen Kolleg*innen und investiere dafür Zeit und Energie. Ich konzentriere mich auf ihre positiven Eigenschaften und erleichtere die Kommunikation durch meine freundliche Gestik und Mimik. Wann immer ich mit einer Person zusammen bin – sei es im Fahrstuhl, in einem Meeting oder in der Schlange in der Kantine –, suche ich das Gespräch, stelle offene Fragen und höre aktiv zu. Jeden Mittwoch verabrede ich mich bewusst mit einem oder mehreren Teammitgliedern zum informellen Lunch. In den Online-Status-Updates zum laufenden Projekt donnerstags um 10 Uhr frage ich aktiv nach ihren Meinungen und Ideen und drücke meine Bewunderung für das, was sie geleistet haben, ehrlich aus.«

Auch »Ich will nicht mehr so viel Energie in unliebsame Aufgaben und Multitasking investieren« können Sie nach der smarten Regel umwandeln: »In einem fortlaufenden Prozess verbessere ich tagtäglich meine Fähigkeiten zur Selbstfürsorge und Produktivität, indem ich meine produktivste Arbeitszeit von 8 Uhr bis 10 Uhr für mich selbst im Kalender blocke und in dieser Zeit alle Kommunikationskanäle schließe. Ich beginne jeden Tag damit, eine Prioritätenliste meiner wichtigsten Aufgaben zu erstellen, und erledige sie nacheinander. Ich verbessere meine Fähigkeit zu delegieren dadurch, dass ich am Montagmorgen mindestens zwei Aufgaben festlege, die nicht zu meinen Kernaufgaben gehören oder die ich aufgrund meiner Persönlichkeit weder gut noch gerne bearbeite. In Absprache mit meinen Teammitgliedern gebe ich sie Montagmittag an geeignete Personen ab.«

Überlegen Sie im Zusammenhang mit der Erreichung Ihrer Ziele auch, mit welchen Hindernissen und Schwierigkeiten Sie eventuell zu rechnen haben. Wenn Sie sich für jeden Widerstand bereits im Vorfeld Bewältigungsstrategien überlegen und einen Plan B auf Lager haben, werden Sie von diesen Hindernissen weder überrascht noch demotiviert oder im Prozess zurückgeworfen. Sollten die regelmäßigen persönlichen Treffen mit Ihrer Vorgesetzten infolge von Reisetätigkeiten in Gefahr sein, planen Sie digitale Meetings entsprechend für unterschiedliche Zeitzonen mit ein.

Um zeitnah erste Erfolgserlebnisse zu spüren, können Sie mit kleinen Zielen beginnen, die Sie schnell und selbstständig umsetzen können. Mit der aus diesen Erfolgen gewonnenen Kraft widmen Sie sich schrittweise größeren Vorhaben.

Netzwerk einbinden: Ohne Unterstützung geht es nicht

Einige Job-Crafting-Vorhaben lassen sich sofort und ohne fremde Hilfe bzw. Unterstützung umsetzen. So können Sie zum Beispiel Ihre Einstellung modifizieren, Eigenverantwortung übernehmen, aktiv zuhören, freundlich und offen kommunizieren, eine verbesserte Arbeitsstruktur etablieren, kleine Veränderungen an Ihrer Arbeitsweise vornehmen oder Achtsamkeitsrituale durchführen. Für andere Ziele müssen Sie sich hingegen mit anderen Beteiligten besprechen oder abstimmen. Es geht also zunächst darum, die jeweils richtigen Ansprechpartner*innen zu identifizieren.

Manche Job-Crafting-Maßnahmen sollten Sie mit Ihren Vorgesetzten teilen und besprechen, um deren Zustimmung und Unterstützung zu erhalten. Wollen Sie zum Beispiel Ihre Arbeitszeiten flexibler gestalten, bestimmte Tätigkeiten remote erledigen, Reisezeiten reduzieren, Aufgaben mit Kolleg*innen tauschen oder zusätzliche herausfordernde Projekte übernehmen, wäre es wenig karriereförderlich, das im Alleingang umzusetzen. Je nachdem, ob weitere Ressourcen, Expertise oder Erfahrung gebraucht werden, die Maßnahmen ein größeres Netzwerk betreffen, organisatorische Anpassungen anstehen oder Sie sich von bestimmten Gruppen Legitimität oder Akzeptanz für Ihr Vorhaben erhoffen, ist es sinnvoll, weitere Entscheidungsträger*innen ins Boot zu holen. Ein solcher Austausch wird dann am besten funktionieren, wenn Sie zeitnah um einen Termin bitten und inhaltlich gut vorbereitet sowie mit einer positiven Haltung ins Gespräch gehen.

Betrachten Sie dieses Treffen als Chance, Ihre Ziele und Pläne vorzustellen, begründen Sie sie gut und arbeiten Sie alle Vorteile heraus, die Ihre Job-Crafting-Maßnahmen für Sie selbst und vor allem für Ihre Führungskraft und das Unternehmen haben. Werten Sie Vorbehalte der Führungskraft nicht sofort als Ablehnung, sondern betrachten Sie das Gespräch als Verhandlung, in der Sie den Nutzen Ihrer Job-Crafting-Maßnahmen zum beidseitigen Ziel erklären, für das es nun den besten Weg zu finden gilt. Man könnte auch sagen: Rühren Sie ordentlich die Werbetrommel für Ihr Vorhaben. Darauf aufbauend fragen Sie nach der Unterstützung, die Sie brauchen.

Wenn Sie Entscheidungsträger*innen in Ihr Vorhaben einbinden, werden Ihre Bemühungen im Job Crafting mit hoher Wahrscheinlichkeit als Teil Ihrer Karriereentwicklung anerkannt und gefördert werden.

Für andere Ziele mag es notwendig sein, ein Gespräch mit Teammitgliedern, Kolleg*innen oder Mitarbeitenden zu vereinbaren, zum Beispiel, um sie miteinzubeziehen und für Ihre Maßnahmen zu motivieren, um Teamstrukturen zu verbessern, Aufgaben neu zu verteilen oder Ressourcen anders zu verwenden. Bei beziehungsorientierten Job-Crafting-Maßnahmen ist es besonders wichtig, den offenen Dialog zu suchen. Sie sollten sich im Voraus vergegenwärtigen, was Sie sich von dem Austausch erhoffen, von wem Sie sich welche Veränderung wünschen und was Sie selbst verbessern wollen, um die relevanten Punkte ehrlich ansprechen zu können.

Mit Ihrem Gestaltungswillen inspirieren Sie Menschen, die ihn ebenfalls spüren, sodass Sie im Unternehmen eine Vorbildrolle als Job Crafter einnehmen können. Für jene, die gerne wollen, dass alles beim Alten bleibt, kann sich Ihre Entwicklung jedoch wie ein Affront anfühlen, gegen den sie sich verteidigen müssen. Indem Sie Wachstum vorleben, konfrontieren Sie die Menschen um sich herum mit ihren Entwicklungspotenzialen, einige werden spüren, dass eine Veränderung dringend nötig wäre, was sie unter Druck setzen könnte. Statt sich selbst auf den Weg des Job Crafting zu machen, werden diese Menschen Ihre Maßnahmen bekämpfen, damit das Bestehende nicht zu stark infrage gestellt wird. Wenn Sie sich darauf einstellen, werden Sie erkennen, dass dieser Gegenwind keine Aussage über Ihre Maßnahmen, sondern eine Selbstaussage ist.

Vernetzen Sie sich also am besten mit Gleichgesinnten. Bauen Sie Beziehungen zu Kolleg*innen auf, die sich inspiriert fühlen, es Ihnen nachzutun, und Sie bei der Umsetzung Ihrer Job-Crafting-Maßnahmen unterstützen können, sei es durch den Austausch von Ressourcen und Know-how, durch die Zusammenarbeit an Projekten oder durch informelle Treffen.

Bleiben Sie auch im Gespräch, während die Maßnahmen nach und nach umgesetzt werden, und holen Sie regelmäßig Feedback von Vorgesetzten, Kolleg*innen oder Mitarbeitenden ein, um sicherzustellen, dass Ihre Job-Crafting-Maßnahmen effektiv sind, die Arbeitsumgebung positiv beeinflussen und Produktivität und Zufriedenheit steigern.

Job Crafting ist ein Prozess. Bleiben Sie offen für Anpassungen und Verbesserungen, die im Laufe der Zeit erforderlich sein könnten.

Neue Gewohnheiten etablieren, alte überprüfen

Vermutlich kennen Sie das aus eigener Erfahrung: Einmalige Erkenntnisse und Handlungen führen noch nicht zu nachhaltigen Verhaltensänderungen. Wenn es so einfach wäre, würden wir alle mehrmals die Woche Sport machen, uns ausschließlich gesund ernähren und hätten eine perfekte Work-Life-Balance.

Neben einer qualitativ hochwertigen Zielformulierung sind es vor allem Ihre neuen Gewohnheiten, die über den Erfolg Ihres Job Crafting bestimmen.

Natürlich spielt es eine wichtige Rolle, dass meine Klient*innen sich mit meiner Hilfe individuell passende und gut ausgearbeitete Ziele setzen. Für ihre Jobzufriedenheit ist jedoch vor allem entscheidend, was sie nach der Beratung tagtäglich, beharrlich und ausdauernd tun. Dasselbe gilt für Sie: Die Regelmäßigkeit, mit der Sie etwas tun, macht den Unterschied. Ihre Gewohnheiten zeigen, wer Sie sind. Wie erfüllt Sie in Ihrem Job sind, ist also maßgeblich von Ihrer neuen Arbeitsidentität abhängig.

So möchte jede Gründerin, jeder Gründer erfolgreich sein und setzt sich dafür konkrete Ziele wie beispielsweise einen bestimmten Umsatz oder eine Reichweite. Doch ob eine Person ihre Ziele tatsächlich erreicht, hängt mehr davon ab, was sie täglich tut und welches Identitätsverständnis sie hat, als davon, was sie letztlich erreichen möchte. In puncto Jobzufriedenheit geht es weniger darum, etwas zu bekommen, als darum, jemand zu sein – nämlich ein Mensch mit hoher Jobzufriedenheit. Gewohnheiten entstehen zum einen dadurch, dass wir Dinge immer wieder auf die gleiche Weise erledigen, und zum anderen durch Systeme, die Bestand haben.

So ist ein Arbeitsstil davon bestimmt, wie Sie routinemäßig vorgehen, und nicht davon, was Sie an einem Tag ein einziges Mal auf eine bestimmte Weise tun. Wenn Sie sich vorgenommen haben, täglich den Fortschritt laufender Projekte zu überprüfen, um potenzielle Probleme oder Verzögerungen frühzeitig zu erkennen, benötigen Sie, um diese Gewohnheit aufrechtzuerhalten, eine Projektmanagement-Software, die eine effektive Verfolgung des Projektfortschritts ermöglicht. Zusätzlich sollten Sie regelmäßige Check-ins mit Teammitgliedern terminieren.

Auch die Qualität von Beziehungen ist davon abhängig, wie Sie auf wiederkehrender Basis mit anderen interagieren. Ein nettes Gespräch auf der Weihnachtsfeier bringt gar nichts, wenn Sie den Kollegen den Rest des Jahres ignorieren. Regelmäßige Teambuilding-Aktivitäten, Mentorings oder der Ausdruck von Wertschätzung formen ein nachhaltig starkes Band. Sie könnten zum Beispiel die Gewohnheit entwickeln, jeden Morgen um 10.30 Uhr eine halbe Stunde Pause zu machen, um einen Tee zu trinken (als Akt der Selbstfürsorge) und sich mit Kolleg*innen auszutauschen (als Form der Beziehungspflege). Ein Kalendersystem mit Erinnerungsfunktion könnte Ihnen helfen, diese Zeiten einzuhalten, und in einem nett eingerichteten Pausenraum wäre es einfacher, sich zu entspannen und zu vernetzen.

Erst die anhaltende Pflege Ihrer Kraftquellen sorgt für physische, emotionale, mentale und spirituelle Stabilität. Ihre Energiereserven profitieren nicht davon, wenn Sie nur einmal im Monat gesund essen oder immer nur dann Urlaub buchen, wenn Ihr Tank bereits leer ist. Auch hier machen die kleinen, regelmäßig ausgeführten Dinge den Unterschied. Manche entscheiden sich, jeden Tag um 12.00 Uhr fünf Minuten lang Atemübungen durchzuführen und sich anschließend einen stärkenden Glaubenssatz zu sagen. Oder sie wählen einen Bildschirmschoner aus, der sie an ihre innere Kraft erinnert. Es gibt viele Möglichkeiten!

Ihren Job neu zu gestalten, bedeutet auch, dass Sie vertraute Routinen auf den Prüfstand stellen, sich aus der Komfortzone herausbewegen und hinderliche Gewohnheiten loslassen bzw. ablegen. Weitverbreitet und eher schädlich als nützlich sind beispielsweise Multitasking, ständige Erreichbarkeit, unstrukturierte Arbeitsabläufe oder zu wenige oder zu kurze Pausen. Wenn Sie diese Gewohnheiten nach und nach umstellen, wird Sie dieser Prozess am Anfang vermutlich stärker fordern als der gewohnte Autopilot des vertrauten Vorgehens – bis die neu erlernten Handlungen selbstverständlich werden. Um neue Gewohnheiten zu etablieren, sollten Sie daher zunächst mit leicht umsetzbaren Veränderungen starten und im Laufe der Zeit größere Anpassungen vornehmen. Sie könnten zum Beispiel jedes Mal die Treppe nehmen, statt wie bisher mit dem Fahrstuhl das Stockwerk zu wechseln, und so für mehr Bewegung in Ihrem Arbeitstag sorgen.

Sollten Sie sich vorgenommen haben, sichtbarer zu werden, fühlen sich viele Ihrer Maßnahmen so ungewohnt an, dass Sie Zweifel an Ihrem Vorhaben entwickeln könnten. Wer immer schüchtern, angepasst oder zu rücksichtsvoll war, dem kommt der Schritt raus aus der Komfortzone angsteinflößend vor. Die inneren Gegenspieler wehren sich und wollen Sie zurückhalten. Sie suggerieren Ihnen, dass es »egoistisch, arrogant oder vorlaut ist, sich selbst zu zeigen, für sich einzustehen oder die eigene Meinung klar zu äußern«. Sobald Sie sich aber an Ihr neues Auftreten gewöhnt haben, kommt Ihr Verhalten Ihnen »selbstbewusst, unerschrocken und stark« vor. Erkennen Sie, dass Ihre Komfortzone in diesem Fall keine gute Ratgeberin gewesen wäre.

Ihr Gehirn wächst mit seinen Herausforderungen und bewegt sich durch neue Gewohnheiten raus aus der Komfort- und rein in die Wachstumszone. Es kann eine Weile dauern, bis die neue Gewohnheit eine positive Selbstbewertung nach sich zieht.

Versuchen Sie außerdem, bestehende Routinen mit neuen zu kombinieren, um das neue Verhalten leichter in die gewohnten Abläufe des Alltags zu integrieren. So könnten Sie zum Beispiel beim Erstellen der Tagesagenda immer ein wertschätzendes Feedback für einen Mitarbeitenden notieren, um Ihren Fokus auf die positiven Merkmale Ihrer Mitmenschen zu richten. Oder Sie führen jedes Mal eine kleine Entspannungsübung durch, bevor Sie nach einem Meeting wieder Ihr E-Mail-Programm öffnen.

Erfolge richtig feiern

Für manche wird der Job-Crafting-Prozess zu einer Art Selbstoptimierungsfalle. Um eine höhere Job-Person-Passung zu erreichen, richten sie ihren Blick nur noch auf das, was in Zukunft besser werden soll. Durch diesen verengten Fokus auf »höher, schneller, weiter, mehr« entgeht ihnen jedoch oft, wie viel mehr Freude und Zufriedenheit sie schon jetzt, in diesem Moment, empfinden. Um die Effekte des Gestaltungsprozesses in der Gegenwart zu spüren, ist es wichtig, erbrachte Leistungen und Fortschritte regelmäßig anzuerkennen und wertzuschätzen. Machen Sie sich Ihre Erfolge im positiven Selbstgespräch bewusst, indem Sie am Freitagnachmittag die Woche Revue passieren lassen und innerlich aufzählen, was im Hinblick auf Ihre Job-Crafting-Maßnahmen und Ziele alles gut gelaufen ist. Halten Sie Ihre erreichten Ziele und Erfolge auch schriftlich fest, um Ihre Fortschritte im Job-Crafting-Prozess sichtbar zu machen. Das hält nicht nur Ihre Motivation aufrecht, sondern erhöht auch das Bewusstsein für die eigenen Fähigkeiten sowie das Selbstwirksamkeitsempfinden.

Apropos schriftlich: Um sich seine Erfolge und Fortschritte präsent zu halten, ist das Aufschreiben und Sammeln auf kleinen Zetteln eine gute Methode. Notieren Sie sich Stichworte, nutzen Sie visuelle Hilfsmittel oder fertigen Sie Zeichnungen an, die Sie in einem Gefäß sammeln.

Wenn Sie sich in einer Phase befinden, die von Selbstzweifeln geprägt ist, oder wenn Sie einen Motivationsschub benötigen, holen Sie diese Notizen hervor und ziehen daraus im besten Fall neue Energie, um auf Kurs zu bleiben. Erzählen Sie anderen Menschen von kleinen Erfolgen, auf die Sie stolz sind und die Sie auf Ihrem Weg in die berufliche Zufriedenheit einen Schritt nach vorne gebracht haben. Belohnen Sie sich für erreichte Meilensteine mit etwas, was Ihnen Freude bereitet. Legen Sie im Voraus fest, was für eine Belohnung das sein soll, und bereiten Sie alles dafür vor, sodass Sie, wenn es so weit ist, nicht allzu lange auf diese Anerkennung warten müssen.

Erfolge mit anderen zu teilen und zu feiern hilft, die Vorteile von Job Crafting in der Organisation herauszustellen und weitere Teammitglieder mitzureißen.

Wenn Sie Erfolge gemeinsam begehen, lenkt das den Fokus auf die positiven Aspekte der Arbeit und verhindert, dass Sie sich von Rückschlägen oder Schwierigkeiten entmutigen lassen. Es fördert darüber hinaus den Teamzusammenhalt und trägt zu einer Kultur der Wertschätzung bei. Als Führungskraft können Sie Erfolge in gemeinsamen Teambesprechungen öffentlich würdigen und einzelne Mitarbeitende persönlich loben oder auszeichnen. Sie können informelle Abende organisieren, Teamausflüge oder -aktivitäten durchführen, Weiterbildungsprogramme anbieten, Gehaltserhöhungen oder Boni vergeben oder zusätzliche Urlaubstage gewähren, um Job Crafting im Unternehmen weiter zu unterstützen.

Beobachten und nachjustieren: Alles ist im Fluss

Ein Oberarzt für Notfallmedizin, Ende 40, hatte seine Arbeitszeit auf 80 Prozent reduziert, um eine bessere Balance zwischen Arbeit und Freizeit zu schaffen. Der Ausbruch der Pandemie im Jahr 2020 ließ ihn seine ursprüngliche Motivation, Arzt zu werden, so deutlich spüren, dass er in dieser schwierigen Zeit einen Beitrag leisten wollte. Er stockte seine Stundenzahl wieder auf und engagierte sich in der Notfallversorgung von Covid-19-Patient*innen. Seinem Bedürfnis nach einer besseren Work-Life-Balance kam er über Achtsamkeitsübungen und konsequente Pausen nach, die er allein an der frischen Luft verbrachte.

Alles ist ständig in Bewegung und entwickelt sich weiter. Das gilt nicht nur für Ihr Arbeitsumfeld – auch Sie wachsen persönlich und professionell, Sie vertiefen Ihre Kompetenzen und Ihre Präferenzen, Wünsche und Bedürfnisse verändern sich. Indem Sie Ihre Job-Crafting-Maßnahmen kontinuierlich anpassen, stellen Sie sicher, angemessen auf äußere und innere Entwicklungen reagieren zu können. Integrieren Sie hilfreiches Feedback von Vorgesetzten und Teammitgliedern und versuchen Sie stets, Ihren eigenen veränderten Prioritäten gerecht zu werden. Vielleicht waren einige Ihrer Job-Crafting-Maßnahmen nicht von Erfolg gekrönt und müssen angepasst werden. So können Sie rechtzeitig und individuell passend auf Hindernisse oder Risiken reagieren und gewährleisten, dass Sie Ihren langfristigen Karrierezielen näher kommen.

Ich erinnere mich an einen Sozialarbeiter, Mitte 50, der seinen Aufgabenbereich in einer gemeinnützigen Organisation im Rahmen seines Job Crafting verändert hatte, um sich auf die Unterstützung von Jugendlichen zu konzentrieren. Als er immer mehr mit geflüchteten Familien in Kontakt kam, entdeckte er seine Vorliebe für die Beratung komplexer Familiensysteme und nahm neue Anpassungen hinsichtlich interkultureller Kompetenzen und Familienmediation vor.

TEIL III

Gestalten oder loslassen? Wenn ein Jobwechsel nötig wird

Love it, change it, or leave it

Kritische Job-Crafting-Stimmen sagen, es habe für sie keine Aussicht auf Erfolg, den Job individuell zu gestalten. Als Grund geben sie zum Beispiel an, dass sie in einer sehr strukturierten oder reglementierten Arbeitsumgebung arbeiten, in der feste Regeln und Vorschriften keinen Spielraum für Job Crafting ließen. Eng verbunden damit ist die Sorge, Änderungen nicht implementieren zu können, weil die Unternehmenskultur, das Management und die Führungskräfte weder Offenheit noch Unterstützung für Job Crafting zeigten oder es sogar ablehnten. Befristete Verträge, Krisenzeiten oder hoher Arbeitsdruck dienen als weitere Argumente, warum man keine Zeit und Energie in die Anpassung der Stelle investieren möchte. Auch Unsicherheit über die berufliche Zukunft oder die Sorge, den Arbeitsplatz zu verlieren, können Menschen daran hindern, zu Job Craftern zu werden.

Ich halte Job Crafting trotz dieser Gründe für lohnend. Auch kleine Anpassungen können eine große Wirkung auf die Arbeitszufriedenheit und das eigene Engagement haben. Job Crafting regt zu Selbstreflexion und Selbsterkenntnis an, betont, wie wichtig es ist, Verantwortung für sich und seine Haltung zu übernehmen, und unterstützt persönliches und professionelles Wachstum.

> **Alles beginnt im Inneren: Unabhängig vom Umfeld kann es Ihnen immer gelingen, Eigenverantwortung zu übernehmen, Ihre Einstellung zu verändern, Energien besser zu managen oder Beziehungen neu zu gestalten.**

Davon profitieren jede*r Einzelne und jedes Unternehmen. Durch Job Crafting lernen Mitarbeitende sich selbst und die eigenen Aufgaben besser kennen und sie erfahren, wie sie ungenutzte Potenziale und Ressourcen zum eigenen Vorteil nutzen können. Außerdem trägt es dazu bei, den Dialog zwischen Mitarbeitenden und Führungskräften zu initiieren und die Kommunikation zu verbessern. So kann Job Crafting selbst in Umfeldern, in denen man es nicht für möglich gehalten hätte, zum Katalysator für positive Veränderungen in der Unternehmenskultur werden.

Da Job Crafting nicht nach dem Motto »One size fits all« funktioniert, können und sollen die Methoden ohnehin an das jeweilige Umfeld angepasst werden. Gerade innerhalb eines befristeten Arbeitsverhältnisses kann sich Job Crafting als großer Vorteil erweisen, denn wer seine Stärken besser einbringen kann, erhöht seine Chancen auf eine unbefristete Festanstellung. Das Gleiche gilt für Krisenzeiten, aus denen die Person am stärksten hervorgeht, die durch Job Crafting ihre Anpassungsfähigkeit und Resilienz stärkt, ihren Arbeitsdruck reduziert und einen positiven Beitrag zur Bewältigung der Krise leistet.

Selbst für Personen, die eigentlich zufrieden mit ihrer Arbeit sind, lohnt sich Job Crafting – als Mittel, um positiv auf die eigene Karriereentwicklung einzuwirken. Und wenn das Management wirklich alle Maßnahmen boykottieren sollte, müssen Sie sich wenigstens nicht vorwerfen (lassen), nicht alles versucht zu haben. Diese Erkenntnis kann Ihnen die innere Legitimation geben, weiterzuziehen.

Trotz der der vielen Vorteile, die Job Crafting bietet, gibt es Situationen, in denen es nicht sinnvoll ist, seine Energie für die aktive Jobgestaltung zu verwenden. Manchmal ist es sogar Zeit, den Arbeitsplatz zu verlassen und einen Neuanfang zu wagen.

Wann es nicht sinnvoll ist, sich mit Job Crafting zu beschäftigen

Job Crafter brauchen Kraft. Ohne Kraft kein Crafting. Es gibt Lebenssituationen, in denen es wichtiger ist, seine Energie zuerst für die eigene Erholung und das individuelle Wohlbefinden zu verwenden, als an den verschiedenen Jobschrauben zu drehen. Wenn Sie im ersten Schritt des Job Crafting – der Standortanalyse – festgestellt haben, dass nicht Ihre Arbeit die Hauptursache für Ihre Unzufriedenheit ist, sondern andere Stressoren dafür verantwortlich sind, sollten Sie sich zunächst auf die zugrunde liegenden Probleme konzentrieren und gegebenenfalls professionelle Hilfe in Form ärztlicher Begleitung oder therapeutischer Unterstützung in Anspruch nehmen.

Wer unter physischen oder psychischen Belastungen wie beispielsweise Migräne, Bluthochdruck, Magen-Darm-Beschwerden, Burn-out, depressiven Verstimmungen oder einem sehr niedrigen Selbstwertgefühl leidet, dem rate ich dringend, seinen Fokus zuerst auf Off-Job-Crafting-Maßnahmen zu legen. In diesen Fällen geht es vorrangig darum, wieder zu Kräften zu kommen, Stabilität herzustellen und genug Energie für den Lebensbereich »Beruf« aufzubauen. Bei milderer Erschöpfung können Ferien, ein längerer unbezahlter Urlaub oder ein Sabbatical bereits ein gewinnbringender Ausstieg aus dem Hamsterrad sein. Ist das aus finanziellen oder anderen Gründen keine Option oder reichen diese Möglichkeiten nicht aus, um wieder frische Energie für die berufliche Veränderung zu tanken, sollten Sie eine Ärztin oder einen Arzt aufsuchen, sich eventuell krankschreiben lassen, eine Kur beantragen und sich medizinisch oder auch therapeutisch begleiten lassen.

Wählen Sie ein Auto als Metapher: Egal, wie großartig die Ausstattung und wie präzise Ihr Ziel im Navigationssystem einprogrammiert ist oder wie gut Sie das Auto bedienen können – wenn die Tanknadel im maximal roten Bereich oder die Batterie leer ist, kommen Sie keinen Meter voran.

In solchen Situationen ist es wichtig, ehrlich zu sich selbst zu sein und realistisch zu bewerten, ob man überhaupt noch genug Kraft hat, um mithilfe von Job Crafting eine Verbesserung der Arbeitszufriedenheit zu erreichen. Oder ob nicht zunächst die Energiereserven wieder aufgeladen werden müssten.

Das musste auch der Partner in einer erfolgreichen Kanzlei einsehen, der nach einem Zusammenbruch zu mir in die Beratung kam. Der Enddreißiger hatte vor einer Verhandlung einen Weinkrampf, er zitterte am ganzen Körper und musste sich krankschreiben lassen. Er hätte zwar nie gedacht, dass er einmal in solch eine Situation geraten würde, konnte aber gut herleiten, wie es dazu gekommen war. Das Gefühl, ständig erreichbar sein zu müssen, um seinen Klient*innen und Mitarbeitenden gerecht zu werden, führte dazu, dass er rund um die Uhr arbeitete und innerlich niemals abschaltete. Er habe zwar gemerkt, dass er hier und da an seine Grenzen stieß, aber er sei erst kurz vorher Partner geworden und habe befürchtet, dass eine Veränderung seiner Arbeitsweise seine Karriere und den Erfolg der Kanzlei gefährden könnte. So blieb er in diesem Teufelskreis gefangen, bis er schließlich nicht mehr den Gerichtssaal betreten konnte.

Ich erlebe häufig Klient*innen, die sich im Teufelskreis der Arbeitsüberlastung befinden und trotzdem alles tun, um weiter »zu funktionieren«. Gründe dafür sind unter anderem Angst vor Gesichts- oder Jobverlust, gefühlter Mangel an Alternativen, ungesunder innerer Anspruch, unzureichende Abgrenzungsfähigkeit oder wenig Gefühl dafür, dass die Anforderungen überproportional zu den Ressourcen gestiegen sind.

Am Grad ihrer Erschöpfung merken sie schließlich, dass es so nicht weitergehen kann. Auf der einen Seite ist ihnen bewusst, dass sie ihren Job umgestalten müssen, um langfristig erfolgreich und zufrieden zu sein und dabei gesund zu bleiben. Auf der anderen Seite wollen sie den Anforderungen ihrer Stelle gerecht werden und investieren ihre letzte Energie in die Erledigung ihrer Aufgaben. Schließlich fühlen sie sich so erschöpft, dass sie keine Kraft mehr dafür aufbringen können, etwas an ihrer Situation zu verändern. Dabei ist es eigentlich ganz logisch:

Wenn Sie nichts verändern, verändert sich auch nichts.

Wer dauerhaft mehr Energie aufbringt, als er erhält, brennt aus. Auch hier ist eine Unterbrechung des Musters nötig – eine Art Reset –, um entweder den Kurs des eigenen Handelns zu verändern oder auf organisationale Mängel aufmerksam zu machen, damit die Strukturen verändert werden können.

Eine Marketingmanagerin, Mitte 30, die in einem schnell wachsenden Start-up arbeitete, kam zu mir in die Beratung, weil sie das Gefühl hatte, ihrer Verantwortung für die gesamte Marketingstrategie nicht mehr gerecht werden zu können. Sie war ständig erschöpft, ihr Arbeitstag war gefüllt mit Meetings, Anrufen und E-Mails, sodass sie oft bis spät in die Nacht arbeitete, um außerhalb der üblichen Geschäftszeiten in Ruhe neue Projekte und Kampagnen entwickeln zu können. Familie und Freundeskreis hatte sie schon lange nicht mehr gesehen und sie klagte auch über körperliche Beschwerden. Trotzdem fühlte sie sich verantwortlich, die Anforderungen ihres Jobs zu erfüllen.

»Früher ging es doch auch!«, waren ihre Worte. Derart im Hamsterrad gefangen, fiel ihr gar nicht auf, dass sie das Unmögliche versuchte. Das Unternehmen war sehr viel schneller gewachsen, als Prozesse angepasst und entsprechende Mitarbeitende eingestellt wurden. In diesem Fall würde Job Crafting auf der eigenen Position nicht ausreichen, um die Unzufriedenheit zu bekämpfen. Stattdessen müssten strukturelle Veränderungen im Unternehmen vorgenommen werden. Das zu erkennen und entsprechend zu adressieren, war der Anfang vieler unternehmerischer und persönlicher Veränderungen.

Wann es Zeit ist, zu gehen

Als Job Crafter sind Sie wie eine Gärtnerin, die alles tut, damit ihre Pflanzen optimal wachsen können. Wenn die Pflanzen aber trotz all Ihrer Bemühungen, sie zu pflegen, das Unkraut zu jäten oder den Boden zu düngen, weder blühen noch Früchte tragen, ist es Zeit, den Garten zu verlassen. Eine Gärtnerin würde nicht die Pflanzen dafür verantwortlich machen, dass sie nicht gedeihen. Sie würde erkennen, dass das Umfeld nicht ihren Wachstumsbedingungen entspricht, und sie an einem Standort einpflanzen, der für ihre Bedürfnisse besser geeignet ist. So sollten auch Sie sich einen fruchtbareren Boden suchen, auf dem Ihre beruflichen Ambitionen genug Raum haben, Wurzeln zu schlagen und zu gedeihen.

> **Wenn Job-Crafting-Initiativen anhaltend scheitern, ist das ein Hinweis darauf, dass Ihre berufliche Umgebung möglicherweise nicht förderlich für Sie ist.**

Eine Kundin – Ende 30, Personalmanagerin in einem mittelständischen Unternehmen – bemühte sich, in ihrem Job-Crafting-Prozess ein unterstützendes und offenes Arbeitsklima zu schaffen, in dem sich alle Mitarbeitenden wohlfühlen sollten. Zwar konnte sie ihre Arbeitsbeziehungen und die Kommunikation mit Kolleg*innen innerhalb ihres Teams verbessern, doch trotz ihrer Anstrengungen stieß sie auf Widerstand in der Unternehmensleitung, die eine autoritäre und kontrollierende Führung bevorzugte. Sie konnte ihren Wert, eine inklusive und offene Unternehmenskultur, nicht umsetzen und so auch nicht leben. Die Lösung konnte hier nur ein Jobwechsel sein.

Abgesehen von offensichtlichen Gründen, warum Sie das bestehende Arbeitsverhältnis verlassen müssen – wie ein toxisches Arbeitsumfeld oder unethische Geschäftspraktiken –, sind unvereinbare Werte, anhaltende gesundheitliche Probleme, Missmanagement oder mangelnde berufliche Weiterentwicklung Anzeichen dafür, dass Sie über einen Unternehmens- oder Jobwechsel nachdenken sollten.

So ging es einem Vertriebsleiter, Mitte 30, der seine Arbeitsziele und Verantwortlichkeiten durch Job Crafting klarer definieren und sein Team nachweislich besser motivieren konnte. Er liebte seine Tätigkeit, aber trotz aller Bemühungen blieb der Vertriebserfolg hinter seinen Erwartungen und den Möglichkeiten zurück, da das Unternehmen nicht bereit war, in die notwendige CRM-Software, Marketing-Automation und Personalressourcen zu investieren. Für den Vertriebsleiter war es ratsam, sich ein Unternehmen zu suchen, das technisch auf dem neuesten Stand und bereit war, in seine Vertriebsstrategie zu investieren.

Folgende Geschichte macht deutlich, wie lohnend es ist, über einen Unternehmenswechsel nachzudenken, wenn die aktuelle Arbeitgeberin es nicht ermöglicht, im Einklang mit den eigenen Werten zu arbeiten. Selbst wenn die eigentliche Tätigkeit – wie im ersten Beispiel – Freude bereitet und den vorhandenen Stärken entspricht.

Ich hatte einen Kunden, Mitte 30, der als promovierter Chemiker in der Produktion und Qualitätskontrolle für Öl- und Gasprodukte in einem multinationalen Energieunternehmen arbeitete und seit einiger Zeit beruflich unglücklich war. Er berichtete im Interview, dass er überhaupt nicht verstehe, wie es so weit kommen konnte. Eigentlich liebte er seinen Job, weil er dort seine Kompetenzen einsetzen konnte, Entscheidungsfreiheiten genoss und ihm große finanzielle Sicherheit geboten würde. Er sei auch gerade befördert worden. Doch was mit einem leichten Gefühl der Unzufriedenheit begonnen habe, hatte sich zu einem großen Unbehagen entwickelt und dazu geführt, dass er seiner Arbeit überhaupt nicht mehr gern nachgehen würde.

In der Wertearbeit kristallisierten sich fünf Werte heraus, die ihm zum Zeitpunkt der Beratung besonders wichtig waren: Kompetenz, Leistung, Wohlstand, Sicherheit und Nachhaltigkeit. Die ersten vier Werte konnte er in seinem Job wiederfinden. Es haperte, wie sich im Gespräch herausstellte, beim Thema Nachhaltigkeit. Der Chemiker war neun Monate zuvor Vater geworden und hatte seither ein größeres Bewusstsein für Soziales, Umwelt und Erderhaltung entwickelt. Seine Werteprioritäten hatten sich mit der Geburt seiner Tochter verändert, er wollte mit aller Kraft dafür sorgen, dass nachfolgende Generationen gut auf unserer Erde leben können.

Nachhaltigkeit war aber kein Wert, der mit seiner Arbeitgeberin in Verbindung gebracht werden konnte. Für ihn ging es also nicht darum, seine Rolle, den Tätigkeitsbereich oder die Aufgaben zu verändern – der neuralgische Punkt war das Unternehmen. Die Lösung: Er wechselte zu einem Unternehmen, das auf erneuerbare Energien wie Windkraft und Solarenergie sowie eine nachhaltige Energiezukunft spezialisiert war.

Die Schlussfolgerung, dass Ihre derzeitige berufliche Rolle nicht zu Ihnen passt, liegt nahe, wenn Sie trotz intensiver Job-Crafting-Bemühungen und entsprechender Unterstützung aus Ihrem Umfeld keine signifikante Verbesserung Ihrer Arbeitszufriedenheit oder Motivation feststellen können oder sich immer noch Burn-out-Symptome zeigen.

Manchmal sagt Ihnen auch Ihre Intuition, dass es Zeit für einen beruflichen Neuanfang ist. Das kann sich in wiederkehrenden Gedanken an eine berufliche Veränderung oder einen Arbeitsplatzwechsel bemerkbar machen oder zeigt sich in Ihrem wachsenden Interesse an Karrieremöglichkeiten, die besser zu Ihrer Persönlichkeit passen. Es ist wichtig, auf Ihr Bauchgefühl zu hören, berufliche Alternativen zu entwerfen und sie sorgfältig zu prüfen. Neben fundierter Selbstreflexion können ein offener Dialog mit Familie, Freunden und Kolleg*innen sowie eine professionelle Begleitung durch eine Coachin Ihnen helfen, passende Karrierestrategien zu entwickeln, die richtigen Entscheidungen zu treffen und entsprechende Schritte zu gehen.

Wieso es nie zu spät ist für einen Neuanfang

Zwar können Sie die berufliche Unzufriedenheit unter den bestehenden Umständen nicht beheben, doch durch die persönlichkeitsbasierte Definition Ihres Traumjobs wissen Sie nun genau, welcher Job und welches Umfeld stattdessen zu Ihnen passen.

Job Crafting hat sich auch dann gelohnt, wenn am Ende des Prozesses die wertvolle Erkenntnis steht, dass eine Kündigung oder ein Jobwechsel nötig ist.

An dieser Stelle fallen einige erneut in die »Ja, aber …«-Falle der Angst zurück und halten an Altbewährtem fest, anstatt einen Neuanfang zu wagen. Ich glaube, dass es nie zu spät ist, einen neuen Weg einzuschlagen, und möchte Sie ermutigen, zumindest die Optionen Ihrer beruflichen Neuorientierung zu durchdenken. Dadurch geben Sie Ihrem Unbewussten das motivierende Signal, nach Wegen zu suchen, wie es vielleicht doch gelingen könnte, berufliche Zufriedenheit außerhalb des bestehenden Arbeitsverhältnisses zu finden.

Sie erweitern auf diese Weise Ihre Wahrnehmung und erhöhen die Wahrscheinlichkeit, passende Gelegenheiten als solche zu erkennen und zu ergreifen. Das kann ein Arbeitgeberwechsel bei ähnlicher Jobbezeichnung, ein anderer Job im selben Unternehmen, ein neuer Job in einem anderen Unternehmen derselben Branche, ein Branchenwechsel oder ein ganz neuer Beruf sein. Der Arbeitsmarkt entwickelt sich ständig weiter und bietet immer wieder neue Chancen. Die steigende Lebenserwartung ermöglicht es, länger im Berufsleben zu bleiben und mehrere Karrieren zu verfolgen. Lassen Sie sich nicht davon abbringen, einen Weg einzuschlagen, der Sie begeistert, nur weil Sie im entsprechenden Bereich noch keine Arbeitserfahrungen oder Zertifikate gesammelt haben. In vielen Branchen gibt es kein festes Alterslimit für den Einstieg, sodass ein Neuanfang jederzeit möglich ist.

Die Vorteile eines Jobwechsels oder beruflichen Neustarts mit dem Ziel, die Zufriedenheit bei der Arbeit zu erhöhen, liegen auf der Hand. Neue Erfahrungen und die Weiterentwicklung Ihrer Fähigkeiten unterstützen Ihr persönliches Wachstum. Neue Herausforderungen halten Sie geistig fit und stärken Ihr Selbstvertrauen. Sie lernen neue Menschen kennen und bauen Ihr berufliches Netzwerk aus. Wenn Sie Ihre persönlichen Leidenschaften und Interessen in einer neuen Karriere leben können, arbeiten Sie aktiv an Ihrer Selbstverwirklichung. Sie fühlen sich wieder voll in Ihrer Kraft. Ein Neuanfang kann eine bessere Work-Life-Balance ermöglichen und somit das allgemeine Wohlbefinden steigern. Außerdem sind Sie – genau wie beim Job Crafting – eine Inspiration für andere: Indem Sie sich für Ihren authentischen Weg entscheiden, machen Sie anderen Mut, es Ihnen gleichzutun und ebenfalls Veränderungen anzugehen.

Nachwort

Das Wissen und die Werkzeuge, die Sie in diesem Buch erworben haben, sind der Schlüssel zu Ihrer beruflichen Erfüllung. Sie haben die Verantwortung für Ihre Jobzufriedenheit übernommen und wissen, dass Job Crafting kein einmaliges Unterfangen, sondern ein fortlaufender, interessanter Prozess ist. Es geht darum, sich im Sinne des eigenen Wachstums auf eine persönliche und berufliche Entwicklung einzulassen – mit dem Ziel, selbstbestimmt zu arbeiten, sich kraftvoll und motiviert zu fühlen, bedeutungsvolle Beziehungen zu pflegen, sich selbst zu verwirklichen und einer Tätigkeit nachzugehen, der Sie eine Bedeutung geben. Bleiben Sie offen für Neues, reflektieren Sie regelmäßig Ihre Stärken, Bedürfnisse, Prioritäten und Ziele und passen Sie Ihre Arbeit immer wieder an sich ändernde innere und äußere Umstände an.

Außerdem sind Sie mit diesem Buch hoffentlich ein passionierter Job Crafter geworden, der für sich und andere das Recht auf berufliche Authentizität, eine gute Job-Person-Passung und Zufriedenheit bei der Arbeit in Anspruch nimmt. In diesem Sinne werden Sie auf dem Weg Ihrer beruflichen Selbstverwirklichung zum Leuchtfeuer der Veränderung für Ihre Umgebung.

Je mehr Menschen diesen Weg beschreiten, desto näher kommen wir einer Arbeitswelt, in der persönliche Erfüllung im Beruf nicht mehr die Ausnahme, sondern Normalität ist.

Eine Arbeitswelt, in der Personen selbstwirksam und freudvoll ihre Kraft einbringen und von ihrer Umwelt als wertvolle Individuen gesehen werden, die ihre Potenziale dazu nutzen, ihre Jobs entsprechend individuell zu gestalten. Eine Berufswelt, in der Menschen mit einer positiven inneren Haltung stärkenorientiert auf sich selbst und ihr Gegenüber schauen und sich gegenseitig darin unterstützen, die beste

Version ihrer selbst zu werden, während sie gleichzeitig auf ihr energetisches Gleichgewicht achten und daran mitwirken, das Unternehmensziel zu erreichen.

In diesem Sinne möchte ich Sie ermutigen, auf Ihre innere Stimme zu hören und Ihre Herausforderungen als Wachstumschancen zu sehen. Bewahren Sie sich den Mut zur Gestaltung und Veränderung, feiern Sie Ihre Erfolge und teilen Sie Ihre positiven Job-Crafting-Erfahrungen großzügig. Ich bin der festen Überzeugung, dass es dazu jeden Tag die Gelegenheit gibt – so auch heute.

Danke

Mein großer Dank gilt unseren Kund*innen. Sie beraten zu dürfen, betrachte ich als großes Privileg. Danke, dass Sie Ihre Geschichten mit mir teilen. Jede einzelne von ihnen berührt mich und liefert mir fortlaufend Inspiration für meine eigene Entwicklung. In diesem Sinne sind Sie meine Vorbilder und Lehrer*innen. Es begeistert mich immer wieder, daran teilhaben zu dürfen, wie sich Lebensläufe ändern, wenn Menschen ihrer inneren Stimme die Erlaubnis geben, das eigene Leben authentisch zu gestalten. Ich bedanke mich für Ihre Offenheit und das Vertrauen in meine Arbeit.

Ein tiefer Dank geht an das gesamte Team von Struss & Claussen! Mit Euch arbeiten und Job craften zu dürfen, ist ein großes Geschenk. Ich danke Euch für Eure Professionalität, Eure Kreativität und Eure Hingabe an unsere gemeinsame Mission, Menschen zu helfen, ihre berufliche Erfüllung zu finden. Die Leidenschaft, mit der Ihr Euch unserer Arbeit und dem Teamzusammenhalt widmet, beeindruckt mich zutiefst. Ohne Euer hohes Maß an Intrapreneurship, Eigenverantwortung, Positivität und Unterstützung wäre die Arbeit an diesem Buch nicht möglich gewesen. Ich danke jeder und jedem Einzelnen von Euch.

Danke, Merle Lindemann. Durch Dich wurde die Content Creation von Struss & Claussen aus der Taufe gehoben. Dein tiefes Bestreben nach Exzellenz, Dein analytischer Geist und Deine Eloquenz suchen ihresgleichen. Du hast Struss & Claussen eine Stimme gegeben.

Danke, Julia Molina. Mit unserem Blogartikel zum Thema Job Crafting haben wir den Stein ins Rollen gebracht. Daraus sind mehrere Podcast-Interviews und Vorträge entstanden, die wiederum zu den Anfragen für dieses Buch führten.

Danke, liebe Sarah Nalazek. Ohne Dich würde es dieses Buch nicht geben. Du warst es, die mich nach der dritten Verlagsanfrage überzeugt – oder sollte ich sagen überredet – hat, dieses Projekt in Angriff zu nehmen. Ich kann nicht genug betonen, wie sehr ich Deine Unterstützung während des Schreibprozesses zu schätzen weiß. Deine Fähigkeit, die inhaltliche Diskussion zum Thema zu führen, das Manuskript zu korrigieren und Verbesserungsvorschläge zu unterbreiten, hat einen entscheidenden Beitrag dazu geleistet, dass dieses Buch zu dem wurde, was es heute ist. Du hast mir geholfen, meine Gedanken zu sortieren und in eine klare Sprache zu bringen. Dabei hast Du mir immer wieder Mut gemacht und meinen Blick in Phasen des Zweifelns feinfühlig auf das Positive gelenkt. Ich bin dankbar, dass ich mit Dir arbeiten darf, und freue mich auf weitere gemeinsame Projekte.

Ich danke meinem Partner. Danke für die ohnehin beste Person-Person-Passung, die ich mir hätte erträumen können. Danke, dass wir uns darüber hinaus immer wieder neu für gemeinsames Wachstum und Beziehungsgestaltung entscheiden. Ich bin so dankbar, dass wir voneinander lernen, einander unterstützen, gegenseitig an unser Potenzial glauben und uns ermutigen, es zu leben. Ich danke Dir für den Raum, den Du mir gibst, um meinen persönlichen und beruflichen Selbstausdruck zu finden und mich zu entwickeln und für Deine Großzügigkeit, wenn ich übers Ziel hinausschieße. Danke, dass Du mich herausforderst, ohne mich zu kritisieren, in mir schon heute die beste Version meiner selbst siehst und mich geduldig dabei begleitest, sie für mich selbst zu entdecken. Dir bin ich am meisten verbunden.

Quellenverzeichnis

Adler, Alfred: Menschenkenntnis. 38. Auflage. Frankfurt a.M.: Fischer Taschenbuch Verlag, 1978.

Baker, Rob: Personalization at Work. How HR Can Use Job Crafting to Drive Performance, Engagement and Wellbeing. 1. Auflage. London: Kogan Page, 2020.

Berg, Justin M.; Dutton, Jane E.; Wrzesniewski, Amy: Job crafting and meaningful work. In: Dik, B. J.; Byrne, Z. S.; Steger, M. F. (Hrsg.). *Purpose and Meaning in the Workplace* (S. 81–104). Washington, DC: American Psychological Association, 2013.

Berg, Justin M.; Dutton, Jane E.; Wrzesniewski, Amy: What is Job Crafting and Why Does It Matter? Retrieved from the website of Positive Organizational Scholarship on April 15 (2008): 2011.

Brown, Brené: Rising Strong. If we are brave enough, often enough, we will fall. This is a book about getting back up. London: Vermilion, 2015.

Bruning, Patrick F.; Campion, Michael A.: A Role-resource Approach-avoidance Model of Job Crafting: A Multimethod Integration and Extension of Job Crafting Theory. *Academy of Management Journal,* 61.2 (2018): S. 499–522.

Buckingham, Marcus; Clifton, Donald O.: Entdecken Sie Ihre Stärken jetzt! Das Gallup-Prinzip für individuelle Entwicklung und erfolgreiche Führung. 5. Auflage. Frankfurt a. M.: Campus Verlag, 2016.

Burnett, Bill; Evans, Dave: Designing Your Work Life. How to Thrive and Change and Find Happiness – and a New Freedom at Work. 1. Auflage. New York City: Vintage Books, 2021.

Clear, James: Atomic Habits. An Easy & Proven Way to Build Good Habits & Break Bad Ones. 1. Auflage. New York City: Avery, 2018.

Covey, Stephen R.: The 7 Habits of Highly Effective People. Powerful Lessons in Personal Change. London: Simon & Schuster UK, 2020.

Dweck, Carol S.: Mindset: Changing The Way You think To Fulfil Your Potential. 2. Auflage. London: Robinson, 2017.

Fritz, Charlotte; Lam, Chak Fu; Spreitzer, Gretchen M.: It's the Little Things That Matter: An Examination of Knowledge Workers' Energy Management. In: *Academy of Management Perspectives*, 25.3 (2011): S. 28–39.

Fromm, Erich: Vom Haben zum Sein. Wege und Irrwege der Selbsterfahrung. 10. Auflage. Berlin: Ullstein Taschenbuch Verlag, 2005.

Gallup GmbH: Engagement Index 2022. Deutschland [Studie], 2023.

Grant, Adam: Originals. How non-conformists move the world. New York City: Viking, 2016.

Guldenschuh-Feßler, Beate; Feßler, Roman: Glaubenssätze. Ihre persönliche Formel für mehr Glück und Erfolg. 2. Auflage. Bregenz: Verlag Mensch, 2020.

Gulder, Angelika: Finde den Job, der dich glücklich macht. Von der Berufung zum Beruf. 3. Auflage. Frankfurt a. M.: Campus Verlag, 2013.

Kadavy, David: Mind Management, Not Time Management. Productivity When Creativity Matters. Kadavy, Inc., 2020.

Kast, Verena: Auf dem Weg zu sich selbst. Werden, wer ich wirklich sein kann. 3. Auflage. Ostfildern: Patmos Verlag, 2020.

Kast, Verena: Immer wieder mit sich selber eins werden. Identität und Selbstwert entwickeln in einer komplexen Welt. 2. Auflage. Ostfildern: Patmos Verlag, 2022.

Kellerman, Gabriella R.; Seligman, Martin: Tomorrowmind. Thriving at Work with Resilience, Creativity, and Connection – Now and in an Uncertain Future. 1. Auflage. New York City: Atria Books, 2023.

Lehofer, Michael: Mit mir sein. Selbstliebe als Basis für Begegnung und Beziehung. 2. Auflage. Wien: Braumüller Verlag, 2017.

Loehr, Jim; Schwartz, Tony: The Power of Full Engagement: Managing Energy, Not Time, Is the Key to High Performance and Personal Renewal. London: Simon & Schuster UK, 2005.

Reiss, Steven: Dass Reiss Profile™. Die 16 Lebensmotive. Welche Werte und Bedürfnisse unserem Verhalten zugrunde liegen. Offenbach: GABAL Verlag, 2009.

Rubin, Gretchen: Better Than Before. What I Learned About Making and Breaking Habits – to Sleep More, Quit Sugar, Procrastinate Less, and Generally Build a Happier Life. 1. Auflage. New York City: Crown, 2015.

Schnocks, Dieter: Mit C. G. Jung sich selbst verstehen. Acht Erkenntnisaufgaben auf unserem Individuationsweg. 2. Auflage. Stuttgart: W. Kohlhammer, 2020.

Schulz von Thun, Friedemann: Erfülltes Leben. Ein kleines Modell für eine große Idee. 7. Auflage. München: Carl Hanser Verlag, 2021.

Schulz von Thun, Friedemann; Stegemann, Wibke: Das innere Team in Aktion. Praktische Arbeit mit dem Modell. 9. Auflage. Reinbek bei Hamburg: Rowohlt Taschenbuch Verlag, 2004.

Schwartz, Tony; McCarthy, Catherine: Manage Your Energy, Not Your Time. In: *Harvard Business Review,* 85.10 (2007): S. 63.

Sher, Barbara: Refuse to Choose! Use All of Your Interests, Passions, and Hobbies to Create the Life and Career of Your Dreams. New York City: Rodale Inc., 2007.

Sieverling, Nicola: Plan B. Endlich etwas finden, für das man wirklich brennt – Jobwechsel? Start Up? Aussteigen? 1. Auflage. München: Kailash Verlag, 2020.

Stahl, Stefanie; Bernreiter, Christian: So bin ich eben! im Job. Typengerecht arbeiten im Team: der Schlüssel für Erfolg im Beruf. 1. Auflage. München: Kailash Verlag, 2020.

Tims, Maria; Bakker, Arnold B.: Job crafting: Towards a new model of individual job redesign. In: *SA Journal of Industrial Psychology,* 36.2 (2010): S. 1–9.

Tims, Maria; Bakker, Arnold B.; Derks, Daantje: Daily Job Crafting and the Self-Efficacy-Performance Relationship. In: *Journal of Managerial Psychology,* 29.5 (2014): S. 490–507.

Walker, Wolfgang.: Abenteuer Kommunikation: Bateson, Perls, Satir, Erickson und die Anfänge des Neurolinguistischen Programmierens (NLP). 6. Auflage. Stuttgart: Klett-Cotta, 2014.

Wiest, Brianna: The Mountain is You. Wie du Selbstsabotage erkennen und überwinden kannst. 2. Auflage. München: Piper Verlag, 2022.

Wrzesniewski, Amy; Dutton, Jane E.: Crafting a Job: Revisioning Employees as Active Crafters of Their Work. In: *Academy of Management Review,* 26.2. (2001): S. 179–201.

Wrzesniewski, Amy; Berg, Justin M.; Dutton, Jane E.: Managing Yourself: Turn the Job You Have into the Job You Want. In: *Harvard Business Review,* 88.6 (2010): S. 114–117.

Die Autorin

Ragnhild Struss ist Expertin für Beratung und Coaching mit dem Schwerpunkt Persönlichkeitsentwicklung, Karriere und Berufsorientierung. Seit mehr als 20 Jahren begleitet sie Menschen auf dem Weg, ihre berufliche Erfüllung zu finden. Mit dem fachlichen Hintergrund aus Wirtschaftswissenschaften und Organisationspsychologie hat sie 2003 ihr eigenes Unternehmen gegründet, das sie heute zusammen mit ihrem Geschäftspartner Johann Claussen leitet.

Mittlerweile zählt Struss & Claussen Personal Development mit rund 25 Mitarbeitenden zu den führenden Karriereberatungen Deutschlands. Gemeinsam mit ihrem Team beraten Ragnhild Struss und Johann Claussen Unternehmen, Führungskräfte, Berufserfahrene sowie Menschen, die noch am Anfang ihrer Karriere stehen. Seit der Gründung ihres Unternehmens ist Ragnhild Struss selbst Job Crafter: Zuerst hat sie den Beruf auf ihre Persönlichkeit zugeschnitten und seither entwickeln sie und ihr Partner das Geschäftsmodell so weiter, dass es nachhaltig zu ihnen passt. Auch bei der Potenzialentfaltung ihrer Mitarbeitenden folgen sie der Leitlinie: Erst der Mensch, dann die Stelle. Job Crafting ist Teil ihres Erfolgsrezepts.

Weil sie so viele Menschen wie möglich erreichen und ermutigen will, teilt Ragnhild Struss ihr Wissen regelmäßig in Seminaren sowie als Speakerin und Interviewgast in den Medien. 2020 hat sie gemeinsam mit ihrem Geschäftspartner den unternehmenseigenen Podcast »Von innen nach außen – Struss & Claussen« gestartet: und auch ihr Angebot an Online-Coaching-Kursen zu Job- und Lebensplanung wächst.